美国中学生
课外读物

美国家庭
必备参考书

1000个太空知识

宇宙中的天体

THE HANDY ASTRONOMY ANSWER BOOK

宇宙、星系、恒星、太阳系、地球和月球
浩瀚的空间吸引着我们的注意力

[美] 查理斯 · 刘 /著
宋 涛 /译

上海科学技术文献出版社
Shanghai Scientific and Technological Literature Press

图书在版编目（CIP）数据

宇宙中的天体：1000个太空知识 /（美）刘著；宋涛译．—上海：上海科学技术文献出版社，2015.6
（美国科学问答丛书）
ISBN 978-7-5439-6644-4

Ⅰ．①宇… Ⅱ．①刘… ②宋… Ⅲ．①天体—普及读物 Ⅳ．①P1-49

中国版本图书馆CIP数据核字（2015）第088632号

图字：09-2015-371

总 策 划：梅雪林
责任编辑：张 树 李 莺
封面设计：周 婧

丛书名：美国科学问答
书　名：宇宙中的天体
[美]查理斯・刘 著 宋 涛 译
出版发行：上海科学技术文献出版社
地　　址：上海市长乐路746号
邮政编码：200040
经　　销：全国新华书店
印　　刷：常熟市人民印刷有限公司
开　　本：720×1000 1/16
印　　张：17
字　　数：286 000
版　　次：2016年1月第1版 2018年7月第3次印刷
书　　号：ISBN 978-7-5439-6644-4
定　　价：39.00元
http://www.sstlp.com

前 言

为什么恒星会发光？如果你掉入了黑洞，会遇到什么情况？月球是由什么构成的？冥王星到底是不是行星？地球以外存在生命吗？地球的年龄是多少？人类可以生活在外层空间吗？什么是类星体？宇宙的起源是怎样的？宇宙的最终命运又会如何？当我们谈到宇宙时，每个人看起来都有上千个问题要问。

读者们是幸运的，这本书恰好为天文学常见问题提供了答案。

实际上，这本书不仅包含了关于宇宙和宇宙运行原理的问题和答案，而且还向读者介绍了一些科学现象和科学数据，而且向读者讲解了天文学领域的其他知识。本书通过问答的形式介绍了宇宙和宇宙中的天体。同时，本书还介绍了人类在历史上是如何探索并破解宇宙奥秘的。

自从人类进入文明社会以来，人们一直试图了解宇宙中的各种天体。他们不仅想了解这些天体的构成及运行方式，而且想了解这其中的科学道理。起初，这一切对于人类都是谜团，所以他们干脆编出一些神话传说和故事来解释这些谜团。在这一过程中，人们往往会赋予恒星和行星各种超自然的特征。后来，人们渐渐地意识到，宇宙和其中的天体都是自然界的一部分；世界上的每个人都有机会了解它们。就这样，天文学诞生了。

什么是科学？在某些人看来，科学是厚厚的图书中所罗列出的一系列事实，它们需要人们反复地理解记忆。而实际上科学是一个提出问题和寻找答案的过程。在这个过程中，人们不仅要评估事实的科学性，而且要进行科学的猜想。同时，他们还要通过预测、实验和科学观测来验证这些科学猜想。在科学研究中，人类总是不断地提出问题并找到问题的答案，这本书的写作初衷与人类的上述特征是完全一致的。通过阅读本书，读者不仅可以了解到问题以及提出问题的人，而且可以了解到这些人是如何努力找到问题的答案的。此外，读者还可以了解到这些人在寻找答案的过程中有哪些新的发现。人类之所以能够对宇宙有了相当多的了解，要感谢那些在前沿天文研究领域中孜孜不倦进行工作的人，他们在工作中不断地提出新问题，他们的努力为天文学的发展奠定了基础。

随着太空探索活动的进行，人类目前已经利用地基望远镜和天基望远镜观测到了可观测的宇宙的边缘区域。同时，他们还利用机器人航天器探索遥远的星球。此外，人类已经完成了太空行走。然而，随着人类太空体验的丰富，人类越来越意识到还有更多的太空谜团等待他们去破解。本书所包含的问题可以发挥抛砖引玉的作用。衷心地祝愿读者们可以向我们的前辈一样提出更多的问题。同时，祝愿大家在寻找问题答案的过程中，能够体会到成功带来的快乐。

〔美〕查理斯·刘

目录

CONTENTS

目录

Contents

一 天文学基础知识

天文学领域的重要学科

什么是天文学?

天文学是对宇宙及其中的物质进行科学的研究的学科。天文学的研究对象包括运动、物质和能量，还包括行星、卫星、小行星、彗星、恒星和星系以及各种天体之间的气体和尘埃。当然，天文学的研究领域不仅仅局限在上述方面，它甚至还包括对宇宙自身的研究，如宇宙的起源、宇宙的演化和宇宙的它最终命运。

什么是天体物理学?

天体物理学是将物理学应用于对宇宙及其中物质的研究的学科。天文学家们获取关于宇宙信息的最重要的方法是收集并分析宇宙及其各部分的光能。在研究太空、时间、光线、发光物体和能够反射光的物体的过程中，物理学是最关键的学科。人们在今天所进行的绝大多数天文学研究都会使用物理学知识。

什么是动力学?

动力学是物理学的一个分支学科，它系统地描述了物体的运动。物体的运动系统可能非常简单，例如地球和月球；物体的运

动系统也可能非常复杂，例如太阳、行星和太阳系中的其他天体。动力学所进行的高级研究会涉及复杂细致的数学计算。

什么是天体化学？

天体化学是将化学的相关知识应用于对宇宙及其中物质的研究的学科。当代化学主要研究分子及分子间的相互作用，它的相关研究几乎完全是在地球的表面或近地空间进行的。换句话说，它的研究是在特定的温度、引力和压力条件下进行的。将化学应用于研究宇宙的其他领域将不会像应用物理学研究相关领域那么直接和全面。即使这样，天体化学对于宇宙的相关研究仍然是极为重要的，这是由于行星大气层和行星表面的化学物质的相互作用对于科学地理解太阳系中的行星和其他天体是至关重要的。在银河系和其他星系的星际云层中已经发现了许多化学物质，这其中包括水、一氧化碳、甲烷、氨、甲醛、丙酮（存在于指甲油清洗剂之中）、乙二醇（存在于防冻剂之中）和二羟基丙酮（存在于免晒古铜肌肤洗剂之中）。

什么是天体生物学？

天体生物学是将生物学的相关知识应用于对宇宙及其中物质的研究的学科。这是天文学领域一个全新的分支学科。直到近些年来，利用生物学知识对宇宙进行的相关研究才呈现出蓬勃发展的态势。尽管如此，天体生物学在宇宙研究领域中的地位已经变得极为重要。它可以利用现代天文学的研究技术和研究方法寻找存在于地球以外的生命、搜寻可能存在这种生命的环境、研究这些生命的进化过程。

什么是宇宙学？

作为天文学的一个分支学科，宇宙学专门研究宇宙的起源。在现代天文学出现以前，宇宙学一直属于宗教和抽象哲学的范畴。今天，宇宙学已经成为一门充满活力的自然科学，它的研究已经不仅仅局限在对宇宙的观测领域。现代科学理论已经证明：宇宙的体积曾经一度比一个原子核还要小。这意味着要破解早期宇宙和宇宙起源的谜团，在现代粒子物理学和高能物理学领域展开相关研究是十分必要的。当然，这些研究完全可以在地球表面进行。

▶ 在众多相关学科当中，对于天文学来说最重要的是哪一个学科？

在研究宇宙及其中的物质过程中，物理学是最重要的相关学科。事实上，“天文学”和“天体物理学”这两个术语在当代经常被互换使用。当然，所有学科对于天文学研究都是重要的。一些在今天看起来与天文学关系不大的学科，在将来的某一天可能会成为对天文学研究至关重要的学科。例如，如果科学家们最终在地球以外发现了具有相当水平的智力的生命形式，心理学和社会学将成为对宇宙进行整体研究的关键学科。

天文学的历史

▶ 人们是什么时候开始研究天文学的？

天文学可能是最古老的自然科学之一。从史前时期开始，人们就开始观察天空并观测太阳、月亮、行星和其他恒星的运动。随着人类开始发展第一批应用科学，如农学和建筑学，他们已经充分意识到天体的存在。古代的人类利用天文学帮助他们计时并尽可能增加农业的收成。天文学在神学和宗教的发展过程中也极有可能发挥了重要的作用。

▶ 在望远镜被发明以前，早期的天文学家们利用什么来观测宇宙？

像生活在公元前2世纪的喜帕恰斯和生活在公元2世纪的托勒密这样的古代天文学家，已经可以使用日规、三角尺来描绘行星和其他天体的位置和运动。

到了公元16世纪，人类发明了更为复杂的天文观测工具。丹麦著名天文学家第谷·布拉赫（1546—1601）自己发明了许多天文观测工具，这其中包括六

分仪、半径为6英尺（将近2米）的象限、双片弧形板、星盘和各种浑天仪。

▶ 什么是星盘，它的工作原理是什么？

星盘是天文学家们用来观测恒星相对位置的一种工具，它也可以被用来计时、航海和勘探。用于天文学研究的最普通的一种星盘被称为平仪，它实际上是被雕刻在圆形金属盘上的星图。小时和分钟的时间刻度被刻在圆盘的圆周上。一个内置圆环被固定在金属盘上，它代表地平线。一个可调节的外置圆环代表天空的旋转。

在使用星盘时，天文观测者会将金属圆盘固定在圆形星图的顶端，然后再把星盘挂上去。接下来，他们利用星盘后面的对准装置将星盘对准一颗恒星。在将对准装置向恒星的方向移动的过程中，外置圆环会沿着圆周的方向旋转。这样一来，不论白天还是黑夜，人们都可以了解到具体的时间。人们还可以利用调节对准装置的方法来测量观测者所在的纬度和高度。

▶ 按照普遍的观点，究竟是谁发明了星盘？

人们普遍认为，古希腊数学家希柏蒂亚·亚历山大（370—415）是西方文明社会中第一位学习并讲授高等数学的女性。当时，亚历山大博物馆是著名的学习机构。它既是当时世界上最大的图书馆，也包括许多学校和公共礼堂。塞翁·亚历山大是希柏蒂亚·亚历山大的父亲，他也是博物馆中所记载的最后一位成员。

希柏蒂亚在博物馆的一所学校里教书，这所学校叫新柏拉图哲学学校。公元400年，希柏蒂亚成为这所学校的校长。她因讲课生动有趣而出名。同时，她还撰写了许多涉及数学、哲学和其他学科领域的著作和文章。这些著作和文章很少被保留到今天。另外，关于希柏蒂亚的生平，人们了解得也很少。不过，有记载表明：正是希柏蒂亚自己发明或协助他人发明了星盘。

▶ 什么是星相学？

星相学是天文学的前身。古代人已经意识到太阳、月球、行星和恒星是宇宙

星盘可以帮助航海家们测量恒星的位置。在成百上千年的时间里,航海家们一直在航行的过程中使用星盘。(*iStock*)

的重要组成部分。不过，他们只能对这些天体的作用和它们对人类生活的影响进行猜想。这种猜想后来演变成算命。在世界各国的古代文化中，星相学都拥有重要的地位，但是它毕竟不是科学。

▶ 古代中东文化对天文学有哪些了解？

美索不达米亚文化（包括苏美尔文化、巴比伦文化、亚述文化和迦勒底文化）对于太阳、月球、行星和恒星的运动有相当多的了解。他们描绘出黄道12星座。他们所修建的塔形寺庙有可能是早期的天文观测台。在距今1 000年以前，阿拉伯天文学家在许多伊斯兰寺庙中修建了规模很大的天文观测台。直到今天，我们仍使用阿拉伯语名称来命名天空中许多家喻户晓的星星。

▶ 古代美洲文化对天文学有哪些了解？

古代美洲文化对于天文学有相当多的了解，这其中包括月球的不同运行阶段、日食和月食及行星的运动。在印加文化、玛雅文化和其他中美洲文化中，几乎所有寺庙和金字塔都按照星星和天体的运动来排列和装饰。

例如，在位于墨西哥南部的奇钦伊查遗址，在每年春分（3月21日）和秋分（9月21日）的时候，太阳投下的影子便会在羽蛇神金字塔上形成蛇神的样子，巨大的蛇神仿佛在金字塔上不断地爬行，羽蛇神金字塔修建于一千多年以前。再向北，在位于新墨西哥州查科峡谷的阿纳萨齐遗址，我们可以清楚地看到古代印第安天文学家的作品，那就是著名的“太阳匕首”岩石雕刻。在这些雕刻作品上，古代印第安天文学家标示出了夏至、冬至、春分、秋分和月球的18.5年的运行周期。

▶ 什么是《德累斯顿抄本》，它对玛雅天文学进行了怎样的描述？

在距今1 000年以前，也就是玛雅文明的鼎盛时期，有一个规模很大的图书馆。现存的3部玛雅文化抄本都出自这个图书馆。在3部玛雅文化抄本当中，有一部抄本被称为《德累斯顿抄本》，这是由于它是在19世纪晚期在德国德累斯顿图书馆的档案中被发现的。这本书包括对月球和金星的运动的观测，也包括

位于墨西哥南部的奇钦伊查遗址，阿纳萨齐的天文学家们早年在这里观测太空，并准确地计算出月球的运行周期和春分、秋分、夏至、冬至的时间。（*iStock*）

对月食发生的时间的预测。

也许《德累斯顿抄本》最成功之处在于它完整地记录了金星围绕太阳运行的轨道。玛雅文明时期的天文学家们正确地计算出金星的运行周期是584天。这些天文学家是通过下面的方法得出上面的结论的：他们首先记录金星在清晨出现在天空的天数，然后记录金星在夜晚出现在天空的天数，最后记录由于金星运行到太阳的另一侧人们无法观测到金星的天数。天文学家们把金星和太阳同时升起的日子作为金星运行周期的起点和终点。

古代东亚文化对天文学有哪些了解？

世界上一些早期的天文发现是由中国人完成的。在大约公元前1500年的时候，中国的天文学家绘制出了第一幅太空的草图。公元前613年，他们对观测一颗彗星的过程进行了描述。在此后的几个世纪中，他们又先后观测并记录下

什么是史前巨石柱？

史前巨石柱是世界上最著名的古代天文学研究遗址之一。这个遗址实际上是由一系列的大石头、大坑和深沟组合而成的，它位于英格兰的西南部，距离索尔兹伯里市大约8英里（13千米）。在公元前3100年—公元前1100年之间，史前巨石柱曾经被古代威尔士和不列颠的一些崇拜自然的教士们修建或重建过多次，这些教士都信仰德鲁伊特教。

考古学家们认为史前巨石柱对于天文学研究具有特殊的意义。史前巨石柱的修建者们按照头脑中的天文现象模式来修建史前巨石柱。在史前巨石柱遗址中，有一个石柱被称为“踵石”，它所在的位置看上去非常靠近夏至那一天第一缕阳光投下的地方。所以，史前巨石柱可以被当作一种日历来使用。还有证据表明，史前巨石柱曾经被当作预测月食的工具来使用。

了日食、月食、太阳黑子、新星、流星等天体和天文现象。

中国的天文学家们在天文学领域为世界作出了数不清的贡献。例如，他们在研究地球的运动以后创制了最早的日历。到公元4世纪的时候，中国的天文学家们已经绘制出许多幅星图，他们在图中把天空描绘成半球形状，这一方法是非常符合逻辑的，因为我们在同一时间内只能看到天空的一半。又过了3个世纪，中国的天文学家们开始把太空看做一个完整的球体，这说明他们已经意识到地球是球形的，它在围绕地轴进行自转。他们还创制了早期的天体位置图，他们在图中标出了恒星以太阳和北极星为参照物时的相对位置。

中国的天文学家们首先对太阳进行了观测。观测太阳时，为了保护眼睛，他们使用了带颜色的水晶或玉。中国古代的宋朝开始于公元960年，这一时期是天文研究和天文发现蓬勃发展的时期。大约在这一时期，第一个天文时钟建成了。同时，天文学家们在进行天文研究时首次使用了数学。

英国的史前巨石柱可能被信仰德鲁伊特教的教士们当作一种天文日历来使用。(*iStock*)

▶ 古代非洲文化对天文学有哪些了解?

古埃及人修建了许多金字塔和纪念碑。从中我们可以清楚地看到古埃及人对天体的出没规律已经有了清晰的了解。早在公元前3000年时,古埃及人就创制了以365天为周期的太阳历。他们根据对36颗恒星(黄道恒星)的夜间观测结果确定了24小时为一天。在仲夏时分,人们只能看到12颗黄道恒星,这时的夜空被平均分为12部分,也就相当于现代时钟上的12小时。这时,夜空中最亮的恒星是天狼星,它会与太阳同时升起。在英文中,人们把夏季的三伏天称为"dog days of summer",这一说法与上述天文现象有关。

▶ 其他世界古代文化对天文学有哪些了解?

在世界上所有重要的古代文明社会中,对夜空的了解始终是文化的主线。例如,在波利尼西亚文化中,人们在太平洋上航行时利用昴星团(这个

星团也被称为“七姐妹星”）来指引方向。在澳大利亚土著文化、南亚文化、因纽特文化和其他北欧文化中，许多神话传说和传奇故事都与太阳和月球的运动有关。另外，在这些文化中，人们还分别绘制出了自己的恒星图和星座图。

在罗马帝国衰落以后世界天文学研究领域的状况如何？

在中世纪的欧洲，天文学研究的发展虽然相对较为缓慢，但总还是在继续向前发展。另一方面，西亚的阿拉伯文化在很多个世纪里在天文学和数学的研究领域内不断地向前发展。这种状况一直持续到欧洲的文艺复兴时期。与此同时，中国和日本的天文学家们在没有受到外部干扰的情况下继续进行天文学研究。

古希腊的天文学家们对天文学的发展作出了哪些贡献？

古希腊的天文学家们对天文学的发展作出了许多贡献。他们中的许多人是数学研究领域和科学探索领域的开拓者。比较有名的人物包括：埃拉托斯特尼（大约公元前275—公元前195）、阿里斯塔克斯（大约公元前310—公元前230）、喜帕恰斯（大约公元前190—公元前120）和托勒密（大约公元前90—公元前168）。其中，埃拉托斯特尼首先用数学的方法测量出地球的体积；阿里斯塔克斯首先提出了地球围绕太阳运行的假说；喜帕恰斯准确地绘制出恒星图表并计算出天空的几何形状；托勒密所提出的太阳系的模式在一千多年的时间里统治着西方文明的思想体系。

托勒密所提出的太阳系模式是怎样的？

在大约公元140年的时候，工作并生活在埃及亚历山大的古希腊天文学家托勒密出版了一套由13本书组成的论著，它被称为《数学文集》，今天的人们把这部论著称为《天文学大成》。托勒密的这部论著是建立在许多前辈著作的基础上的，这其中包括欧几里得、亚里士多德和喜帕恰斯的著作。有时，托勒密在自己的论著中也会将前辈们的观点简单地重述。他所描述的宇宙模式和太阳系在一千多年的时间里成为西方文明的天文教义。

按照托勒密模式：地球位于宇宙的中心，月球、太阳、水星、金星、火星、木星和土星围绕地球运转。天空中的恒星在天球上都有自己的位置，这个天球在围绕其他天体运行，这些天体与地球之间距离是固定不变的。行星的运行轨道是圆形的，在它们的运行轨道上还有周转圆，这就是为什么有时候这些行星会在天空中倒退。托勒密还列出了夜空中一千多颗恒星的目录。虽然托勒密提出的太阳系模式被伽利略、开普勒、牛顿和17世纪初的其他科学家证明是错误的，但是他对于天文学这门现代科学的发展还是起到了非常重要的作用。

中世纪和文艺复兴时期天文学的发展

中世纪欧洲的天主教会对天文学的发展产生了怎样的影响?

绝大多数的历史学家都认为：中世纪欧洲的天主教会所拥有的巨大权力阻碍了当时的天文学研究。在天主教的教义中有这样的一个教条：宇宙是永恒不变的。所以，当人们在公元1054年观测到一颗超新星时，居住在世界其他地区的人们记录了这一天文事件，而居住在欧洲的人们却忽略了这一天文事件。天主教的另一个教条错误地宣称：太阳、月球和其他行星都在围绕地球运行。直到16世纪，也就是罗马帝国衰落1 000年以后，天主教会才又一次为天文学的发展作出了贡献，例如，他们研制出精确的日历。

是谁对关于太阳系的地心说第一次提出了挑战?

波兰数学家和天文学家尼古拉斯·哥白尼（1473—1543）在1507年提出：太阳系的中心是太阳，而不是地球。其实，早在大约公元前260年的时候，古希

腊天文学家阿里斯塔克斯就提出过类似的“太阳中心说”模式。但是，这一理论在古代社会无法被人们所接受。所以，哥白尼是罗马时代以后第一位向“地心说”理论提出挑战的欧洲人。

哥白尼是如何提出关于太阳系的太阳中心说理论模式的？

1543年，哥白尼在去世以前出版了《天体运行论》一书。哥白尼在书中提出了“日心说”的观点。根据他在书中所描述的太阳中心说理论模式，水星、金星、地球、火星、木星和土星在同心圆轨道内围绕太阳运行。

在哥白尼去世以后，关于太阳系的日心说理论是如何向前发展的？

不幸的是，《天体运行论》一书在1616年被天主教会列为禁书，这种状况一直持续到1835年。不过，在这本书成为禁书以前，太阳中心说的理论已经在天文学家和学者中广为流传。伽利略·伽利莱（1564—1642）最终利用天文观测证明了太阳中心说理论的正确性。约翰尼斯·开普勒（1571—1630）系统地阐述了行星的运动规律，他同样提出行星围绕太阳进行运行的观点。艾萨克·牛顿（1643—1727）系统地阐述了运动定律和引力定律，从而解释了太阳中心说理论的原理。

尼古拉斯·哥白尼。（国会图书馆）

谁是伽利略·伽利莱？

意大利学者伽利略·伽利莱（1564—1642）被许多历史学家认为是第

一位现代科学家。作为生活在意大利文艺复兴时期最后一个重要人物，伽利略出生在佛罗伦萨，在佛罗伦萨和附近的帕多瓦，伽利略度过了自己的大部分职业生涯。他通过大量的实验和观测展开自己对自然界的探索。他用精辟的语言论述了自然科学和哲学的众多题目。同时，他一直在同当时的学术权威进行抗争，因为他们不愿意承认伽利略的科学发现所阐述的科学理论。伽利略进行的科学研究为后人对科学理论和自然规律的研究和发现开辟了道路。

伽利略·伽利莱。(国会图书馆)

伽利略为世人对宇宙的了解作出了怎样的贡献?

伽利略是第一位用望远镜来研究太空的人。虽然用现代科学的标准来衡量，他当时使用的望远镜还相当粗糙，但是他利用自己的望远镜可以观测到神奇的宇宙景观，这其中包括金星的状态、月球上的山脉、银河系中的恒星和木星的4颗卫星。伽利略在1609年出版了《星辰的使者》一书，他在书中列举了自己的天文发现。这本书给世人带来了巨大的惊喜，也在人们当中引发了大规模的争论。

伽利略对地球上的现象所进行的观测和试验，对于挑战人们对宇宙中的物理规律的传统观念，也发挥了同等重要的作用。有一次，伽利略在倾斜的比萨斜塔上将两个质量不同的金属球掷下，结果两个金属球同时落地。这表明物体的质量对物体的下落速度没有产生任何影响。在《关于两门新科学的谈话和数学证明》一书中，伽利略阐述了物体在地球上和太空里运动的基本原理。这部著作为物理学的起源奠定了基础，这一点得到了艾萨克·牛顿和其他后来的科学家的认同。

▶ 在伽利略和天主教会之间发生了哪些故事?

伽利略所支持的“日心说”，在当时的意大利被当作是异教邪说。天主教会在对伽利略进行审讯的过程中威胁说，如果他拒不撤回著作，将面对严酷的刑罚或者被处死。最终，伽利略还是撤回了反映他重大发现的科学著作。在后来的10年里，伽利略彻底失去了人身自由，这种状况一直持续到他去世的时候。据说，在公开撤回自己的著作以后，伽利略有一次在旁人不在身边时跺着脚说：“不管怎么说，它的确是在运动着。”

▶ 谁是第谷·布拉赫?

尽管第谷·布拉赫（1546—1601）是一位丹麦贵族，但他没有从政，而是专攻天文学。1576年，丹麦国王腓特烈二世将汶岛赐予布拉赫，作为“观天堡”这座天文台的台址。在这座天文台里，有许多大型精确的天文观测设备。在当时，“观天堡”在同类天文观测设备中技术是最先进的。因此，布拉赫对行星运动的测量比以往任何一次都要精确。这个大型天文台和其中的天文观测设备帮助布拉赫的门徒约翰尼斯·开普勒确定了行星围绕太阳运行的椭圆形轨道。

▶ 谁是约翰尼斯·开普勒?

德国天文学家约翰尼斯·开普勒（1571—1630）对太阳系中的天体之间的数学和神学联系非常感兴趣。同时，他对像球体和立方体这样的几何形体也非常感兴趣。开普勒在成为天文学家以前，于1596年发表了一部名为《宇宙之谜》的著作，他在书中阐述了一些自己的观点。后来，他成为丹麦天文学家第谷·布拉赫的助手，这使他有机会接触到布拉赫的实验数据。后来，开普勒提出了天体围绕太阳运行的基本规律。

▶ 约翰尼斯·开普勒对于今天人们了解宇宙作出了哪些贡献?

作为第谷·布拉赫的助手，开普勒在布拉赫1601年去世以前一直在他的身边工作。在布拉赫去世以后，约翰尼斯·开普勒成为圣罗马皇帝身边的皇家数学家，这使得他有机会接触到布拉赫当年的全部实验数据，这其中就包括对火星观测的详细实验数据。他利用这些数据得出结论：火星围绕太阳运行的轨道是圆形的而不是椭圆形的。1604年，他观测到一个超新星并对它进行了研究，他当时认为这是一颗新的恒星。在这颗超新星最亮时，它的亮度接近金星。今天，它被命名为“开普勒超新星”。开普勒还利用自己制造的望远镜证实了伽利略所发现的木星的卫星。在他的职业生涯中，开普勒后来还出版了一本关于彗星的论著和一幅关于行星运动的图表，这幅图表被称为《鲁道夫星表》。在接下来的一个世纪中，天文学家们一直在使用这幅星表。也许开普勒之所以出名主要是因为他提出了行星运动的三大定律。

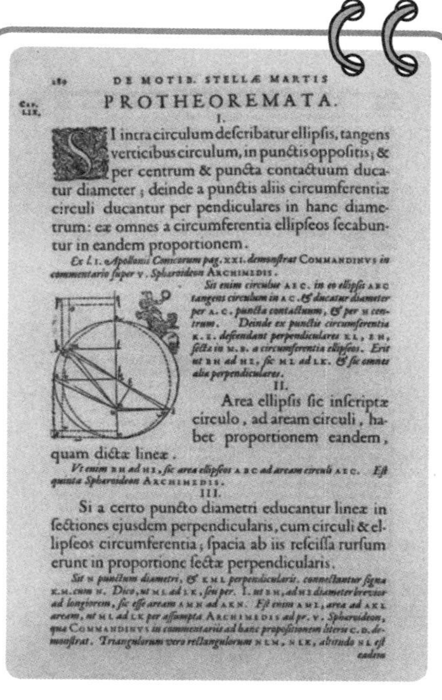

289 DE MOTIB. STELLÆ MARTIS

Cap. LIX.

PROTHEOREMATA.

I.

SI intra circulum describatur ellipsis, tangens verticibus circulum, in punctis oppositis; & per centrum & puncta contactuum ducatur diameter; deinde a punctis aliis circumferentiæ circuli ducantur perpendiculares in hanc diametrum: eæ omnes a circumferentia ellipseos secabuntur in eandem proportionem.

Ex l. 1. Apollonii Conicorum pag. XXI. demonstrat COMMANDINUS *in commentario super V. Sphæroideon* ARCHIMEDIS.

Sit enim circulus A E C. *in eo ellipsis* A B C *tangens circulum in* A C. *& ducatur diameter per* A. C. *puncta contactuum, & per* H *centrum. Deinde ex punctis circumferentiæ* K. E. *descendant perpendiculares* K L, E H, *secta in* M. B. *a circumferentia ellipseos. Erit ut* E H *ad* H B, *sic* K L *ad* L M. *& sic omnes aliæ perpendiculares.*

II.

Area ellipsis sic inscriptæ circulo, ad aream circuli, habet proportionem eandem, quam dictæ lineæ.

Ut enim B H *ad* H E, *sic area ellipseos* A B C *ad aream circuli* A E C. *Est quinta Sphæroideon* ARCHIMEDIS.

III.

Si a certo puncto diametri educantur lineæ in sectiones ejusdem perpendicularis, cum circuli & ellipseos circumferentia; spacia ab iis rescissa rursum erunt in proportione sectæ perpendicularis.

Sit N *punctum diametri, &* K M L *perpendicularis. connectantur signa* K. M. *cum* N. *Dico, ut* M L *ad* L K, *seu per. I. ut* B H, *ad* H E *diameter brevior ad longiorem, sic esse aream* A M N *ad* A K N. *Est enim* A M L, *area ad* A K L *aream, ut* M L *ad* L K *per assumpta* ARCHIMEDIS *ad pr. V. Sphæroideon, quæ* COMMANDINUS *in commentariis ad hanc propositionem literis* C. D. *demonstrat. Triangulorum vero rectangulorum* N L M, N L K, *altitudo* N L *est eadem*

上面带图示的文稿出自约翰尼斯·开普勒在1609年发表的著作《新天文学》。这部著作主要通过描述火星围绕太阳运行的过程来阐述开普勒提出的两个行星运行定律。（国会图书馆）

什么是关于行星运动的开普勒第一定律？

根据开普勒第一定律，行星、彗星和太阳系内的其他天体在一个椭圆轨道内围绕太阳运行，而太阳恰好位于一个焦点上。这一定律对天文学研究产生了具体而深远的影响力。例如，人们发现，地球的运行轨道是接近圆形的，而冥王星的运行轨道显然是椭圆形的，绝大多数彗星的运行轨道是高度延伸的。

什么是关于行星运动的开普勒第二定律？

根据开普勒第二定律，行星轨道在相等时间内掠过同等的面积。这意味着

当行星接近太阳时，它的运动速度会变快；反之，当行星远离太阳时，它的运动速度会变慢。后来的许多天文学家，例如艾萨克・牛顿都证明了开普勒第二定律的正确性，他们发现行星运动系统有一个重要的特性：运动系统的角动量是守恒的。

什么是关于行星运动的开普勒第三定律？

根据开普勒第三定律，行星与太阳之间距离的立方与行星公转周期的平方成正比。开普勒是在1619年发现这一定律的，这与开普勒关于行星运动的前两个运动定律的提出间隔了10年时间。人们根据开普勒第三定律可以计算出太阳与太阳系内的任何一颗行星、彗星或小行星之间的距离，他们只需要测算出这些天体的公转周期即可。

克里斯蒂安・惠更斯。（国会图书馆）

谁是克里斯蒂安・惠更斯？

荷兰天文学家、物理学家和数学家克里斯蒂安・惠更斯（1629—1695）是科学发展史上最重要的人物之一，他被认为是生活在伽利略时代与牛顿时代之间的过渡时期的重要科学家。他所从事的研究对于现代动力学、物理学和天文学的发展是至关重要的。惠更斯为动量守恒定律的提出作出了贡献。他还发明了摆钟，并成为第一位描述光的波动学说的科学家。此外，他还设计并制造出当时清晰度最高的透镜以及观测能力最强的望远镜。在这些观测工具的帮助下，他成为第一个识别出“土星环”系统的人，并成功地发现了土星最大的卫星“泰坦星”。

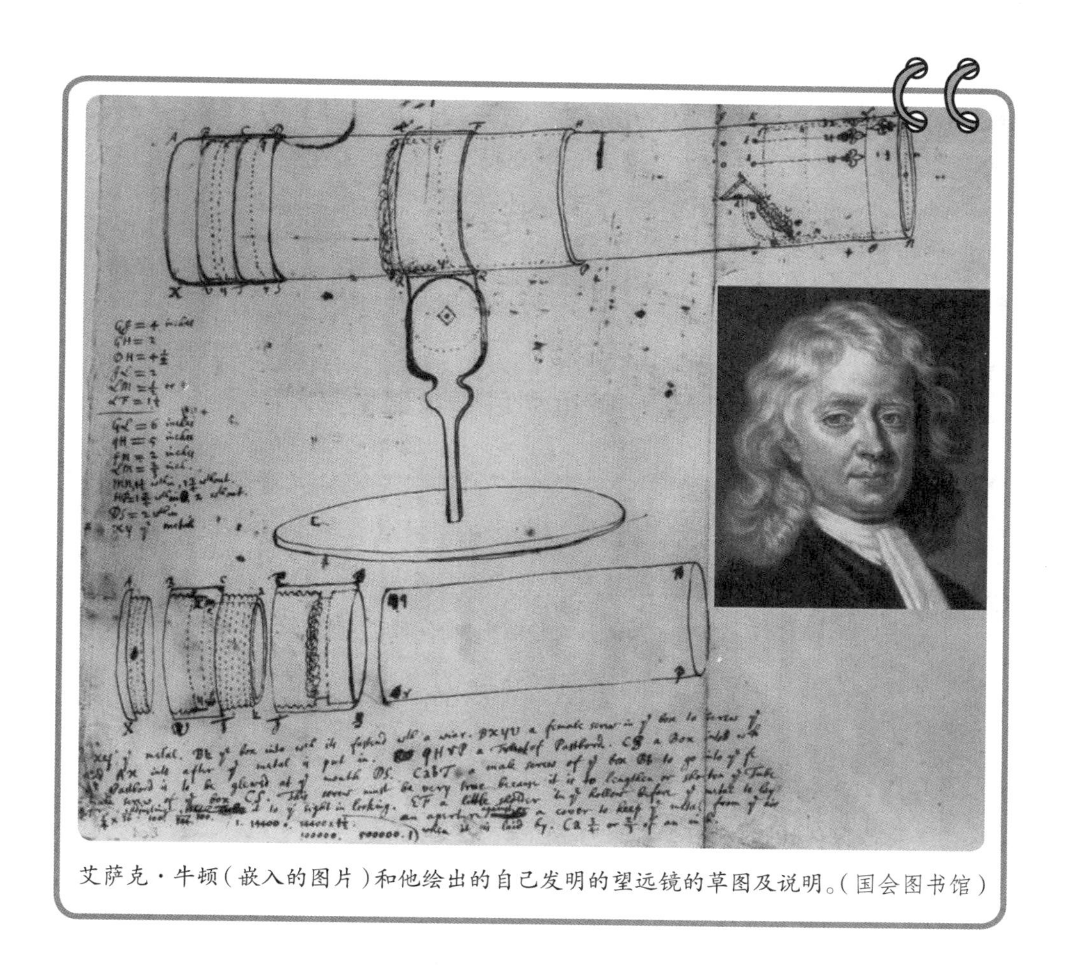

艾萨克·牛顿（嵌入的图片）和他绘出的自己发明的望远镜的草图及说明。（国会图书馆）

艾萨克·牛顿是谁？

英国数学家、物理学家和天文学家艾萨克·牛顿（1643—1727）被认为是人类历史上最伟大的天才之一。由于鼠疫的爆发，牛顿就读的剑桥大学被迫关闭，牛顿也不得不离开学校，回到自家的农场务农。在接下来的两年里，他在数学和物理学领域内取得巨大的进步。他所取得的成绩涉及微积分学、运动定律和万有引力定律几个方面。牛顿在1667年又回到了剑桥大学，并最终获得了卢卡斯数学教授的职位。在这期间，他还发现了光学的一些基本原理，并应用这些原理发明了一种新型望远镜。此外，他还在好友天文学家埃德蒙·哈雷的鼓励和经济支持下，于1687年出版了最伟大的著作《自然哲学的数学原理》。

牛顿在晚年成为英国议会的议员，并被任命为英国皇家铸币厂的主管官员。他还提出了在硬币的边缘添加脊状物的主意，这主要是为了防止某些人将硬币刮平并将贵重金属据为己有。英国女皇在1705年封牛顿为爵士，牛顿成为有史以来第一位获此殊荣的科学家。他还被选为英国皇家学会的主席，英国皇家学会是当时世界上最重要的学术机构。艾萨克·牛顿1727年3月31日在伦敦与世长辞。

为什么牛顿提出的运动定律非常重要?

在《自然哲学的数学原理》一书中，牛顿提出了许多理论。这些理论从根本上改变了人们对宇宙及组成宇宙的物质相互关联性的理解。在人们接受了牛顿提出的运动定律以后，人们终于明白：太空中天体的运动规律与地球上物体的运动规律是一致的。人们的这一意识改变了人们对天空与太空之间基本关系的理解。今天，人们把太空中的天体当作物体来研究和解释，而不再像以前那样把天体当作不可认知的神或超自然的实体。这也强化了今天的人们进行科学研究的信心。

牛顿为人类对宇宙的理解作出了哪些贡献?

在《自然哲学的数学原理》一书中，牛顿提出了万有引力定律和三大运动定律。在牛顿的其他著作中，他还描述了自己在其他科学领域内所取得的重大进步。在光学领域内，牛顿提出，太阳光是由多种颜色构成的；在数学领域内，牛顿提出了许多新的研究方法，这些方法构成了现代数学研究的重要基础，这其中就包括微积分学，德国哲学家和数学家戈特弗里德·威廉·冯·莱布尼茨也提出了微积分学；在宇宙学领域，牛顿提出了一个理论框架，这一理论框架在今天被天文学家们用来计算不断扩张的宇宙的密度；在天文学领域，牛顿发明了一种使用镜片而不使用透镜的望远镜，这种望远镜是今天天文学家们进行重大天文研究时所使用的天文望远镜的基础。

什么是牛顿第一运动定律？

根据牛顿第一运动定律，一切物体总保持匀速直线运动状态或静止状态，直到有外力作用于它并迫使其改变原有的状态。这一定律也被称为惯性定律，简单地说，物体会保持静止状态或直线运动状态，除非它受到了推力或拉力。当人们用反映物体运动基本特性的语言来描述这一规律时，它也被称为线性动量守恒定律。从数学的角度来说，物体的动量等于它的质量与它的速度之积。

什么是牛顿第二运动定律？

根据牛顿第二运动定律，物体的加速度跟物体所受的合外力成正比，加速度的方向跟合外力的方向相同。这一定律也被称为力的定律，它把力定义为运动、动量或物体在数量上的改变。从数学的角度来说，物体的力等于其质量与其加速度之积。

什么是牛顿第三运动定律？

根据牛顿第三运动定律，对于任何一个作用力而言，总是存在一个与它方向相反且大小相等的作用力；换句话说，两个物体间的相互作用力总是大小相等、方向相反。这意味着，当一个物体向另一个物体施加作用力时，这一物体必须同时接受同样大小的反作用力。这一规律可以被用来解释下面的现象：当一名滑冰运动员将另一名滑冰运动员推向前方时，他会同时向后运动。

什么是牛顿引力定律？

根据牛顿提出的万有引力定律，宇宙中的每一个物体都会向其他的物体施加引力，引力的大小与两物体质量的乘积成正比，与两物体间距离的平方成反比。换句话说，引力遵循“反比平方定律”，“反比平方定律”从数学的角度揭示出宇宙中的引力和光线传播的规律。

牛顿提出的引力定律对天文学的发展有怎样的重要意义?

牛顿提出的万有引力定律表明:太阳系中的天体按照某些可以预测的数学模式进行运行;它还从科学的角度证明了开普勒提出的行星三大运行定律是正确的,它使科学家们可以预测天体的位置和运动。例如,埃德蒙·哈雷利用这一规律预测出一颗著名的彗星运行周期是76年,他的预言在他去世以后得到了证实。哈雷的预言是天文学发展史上的一个里程碑,它代表了人类终于摆脱了迷信无知的时代,进入了科学知识的时代。

18世纪和19世纪的科学进步

发生在18世纪的哪些重大科学进步在最大限度上推动了天文学的发展?

在18世纪,科学家们开始利用莱布尼茨和牛顿提出的微积分学以外的知识来研究数学。作为物理学的分支学科,动力学得到了很大的发展。科学家们开始通过在实验室内进行试验的方法来理解电的本质。同时,他们也通过研究闪电现象来探讨电的本质。光学仪器商人开始研发能够帮助天文学家们观测用肉眼看不到的天体的天文望远镜。天文学家们利用这些望远镜开始系统地对太空进行探测并整理出内容详细的太空天体目录。

谁是皮埃尔-西蒙·德·拉普拉斯,他对动力学的贡献是什么?

法国数学家和天文学家皮埃尔-西蒙·德·拉普拉斯(1749—1827)在数学、天文学和其他科学领域内为人类作出许多重大贡献。他和化学家安托万-洛朗·拉瓦锡共同加深了人们对化学反应与热量的相互关系的理解。在物理学领域,拉普拉斯利用艾萨克·牛顿和戈特弗里德·威廉·冯·莱布尼茨之前提出的微积分学计算出各种粒子之间的作用力,这些粒子是由物质、光、热量和电构成的。拉普拉斯和他的同事们还研究出一系列的公式,这些公式可以被用来解释光的折射现象、热量的传导、固体的韧性和电在导体上的分布。

在天文学领域，拉普拉斯主要对太阳系中天体的运动及它们之间复杂的引力作用非常感兴趣。他还将自己多年的研究成果编写成一部著作，这部由多部书构成的著作被称为《天体动力学》，它的第一部书于1799年与读者见面。拉普拉斯还提出了关于太阳和太阳系构成的星云学说。此外，他与同事约翰·米歇尔共同提出了“暗星”学说，这一理论后来演变成“黑洞”学说。由于他在天文学领域内的杰出表现，再加上他的著作发展了艾萨克·牛顿的引力学说，拉普拉斯被称为“法国的牛顿”。

皮埃尔–西蒙·德·拉普拉斯。（国会图书馆）

谁是约瑟夫–刘易斯·拉格朗治，他对动力学的贡献是什么？

约瑟夫–刘易斯·拉格朗治（1736—1813）是意大利的数学家，他提出了一些关于地球和宇宙最重要的动力学学说。拉格朗治通常被认为是法国科学家，这是因为他的职业生涯的最后一个阶段是在巴黎度过的。他分析了月球是如何围绕旋转轴进行摆动，并在1764年获得了巴黎科学院颁发的奖项。拉格朗治还致力于研究从整体上描述各种力量是如何作用于运动物体和静止物体的，这一研究项目是伽利略·伽利莱和艾萨克·牛顿多年前就已开始研究的项目。拉格朗治最后成功地设计出几种能够分析上述力量的通用数学工具。它们被写入1788年出版的《分析动力学》一书。后来，拉格朗治继续研究在太阳系中天体之间的相互作用。他认为太阳系是一个由天体构成的复杂的系统。他还发现，在相互吸引的两个物体之间或周围，存在某些地点，位于这些地点的第三个物体可以相对于上述两个物体基本保持静止，这些地点被人们称为拉格朗治点。今天，人们利用这一原理在太空中安置卫星。

1793年，拉格朗治被任命参加了一个研究测量物体的重量及其他度量的委员会。在他的帮助下，现代度量衡体系被建立起来。在最后阶段的职业生涯中，他致力于研究新的微积分数学体系。

谁是莱昂哈德·欧拉，他对动力学的发展作出了哪些贡献？

瑞士数学家莱昂哈德·欧拉（1707—1783）可能是历史上取得成绩最多的数学家。在他的努力下，分别由牛顿和莱布尼茨提出的微积分体系被统一起来。他在几何学、数字理论、实分析与复分析和其他许多数学领域内作出了重要贡献。1736年，欧拉出版了动力学研究领域内的一部重要著作，这部著作被称为《动力学》。在这部书中，欧拉提出如何用数学分析的方法来解决复杂的问题。后来，他又出版了另一部关于流体静力学和刚体力学的著作。此外，他在天体动力学和流体力学的研究领域也作出了重大贡献。他还出版了一部关于月球运动的专著，这部专著共有775页。

谁是阿德利昂-马里·勒让德，他对动力学的发展作出了哪些贡献？

法国数学家阿德利昂-马里·勒让德（1752—1833）从1775年开始同皮埃尔-西蒙·德·拉普拉斯一起在法国军事学院教书。1782年，勒让德获得了最佳研究项目奖，他研究的课题是炮弹在空中飞行时的速度、路径和相关飞行动力原理。第二年，他又被选为法国科学院的院士。从此以后，他把抽象数学研究同天体动力学的相关研究有机地结合起来。1794年，勒让德出版了一部几何学教材，这部教材在将近一个世纪的时间里一直是相关领域内最权威的教材。1806年，他出版了《确定彗星运行轨道的新方法》一书，他在书中介绍了如何利用不完整的数据发现数学曲线的方程式。勒让德在今天之所以非常出名，主要是由于他在椭圆函数领域的研究和他所提出的“勒让德多项式”，“勒让德多项式”对于研究谐振和发现适合多系列数据点的数学曲线都是非常有价值的工具。

是谁创制了星云星团新总表？

德裔英籍天文学家卡洛琳·赫歇耳（1750—1848）和她的侄子约翰·赫歇耳

(1792—1871)共同创制了星云星团新总表(NGC)。在星云星团新总表中列出了成千上万个天体,这些天体包括了夜空中绝大多数著名的星云、星团和星系。

▶ 人类在19世纪取得的哪些重大科学进步在最大程度上促进了天文学的发展?

到了19世纪,人类对电和磁场现象的科学理解又有了新的进展,他们意识到,利用发电机可以使电产生可控制的能量;电可以进行长距离的运输。上述进步使人们意识到,电磁场是一种力量;电磁能量的迁移是以波的形式来进行的;这些波体现为电磁光谱。

科学家们在理解能量的概念方面取得了重大的进步,他们意识到能量可以通过运动、热量和光等不同的形式呈现出来。从此以后,出现了热动力学和统计动力学,热动力学主要研究热和热传递,统计动力学是与物理学结合得最为紧密的分支学科。这些科学发现和科学应用改变了人类社会的面貌,蒸汽机和电灯的使用以及工业革命的发生只是体现科学进步所产生的影响力的几个例子,而科学进步对天文学的发展所产生的影响力同样是巨大的。

▶ 谁是詹姆斯·克拉克·麦克斯韦,他对物理学的发展有哪些贡献?

苏格兰科学家和数学家詹姆斯·克拉克·麦克斯韦(1831—1879)在许多科学领域内取得了重大发现。1861年,他研制出第一张彩色照片。他还研究过土星环,并得出结论:土星环是由数以百万的细小微粒构成的,而不是由固体结构或液体结构构成的。他还提出了气体运动理论,他所提出的电磁场理论将电与磁场这两个物理现象结合起来。1864年—1873年,麦克斯韦证明了光线实际上是一种电磁辐射。麦克斯韦所提出的一组公式证明了电、磁场与光之间的基本数学关系和物理关系,这组公式由4个公式组成。

▶ 海因里希·鲁道夫·赫兹是谁,他在物理学领域内作出了哪些贡献?

德国物理学家海因里希·鲁道夫·赫兹(1857—1894)是科学和语言方面的天才(他在年轻的时候学过阿拉伯语和梵文)。除了在电动力学领域进行过

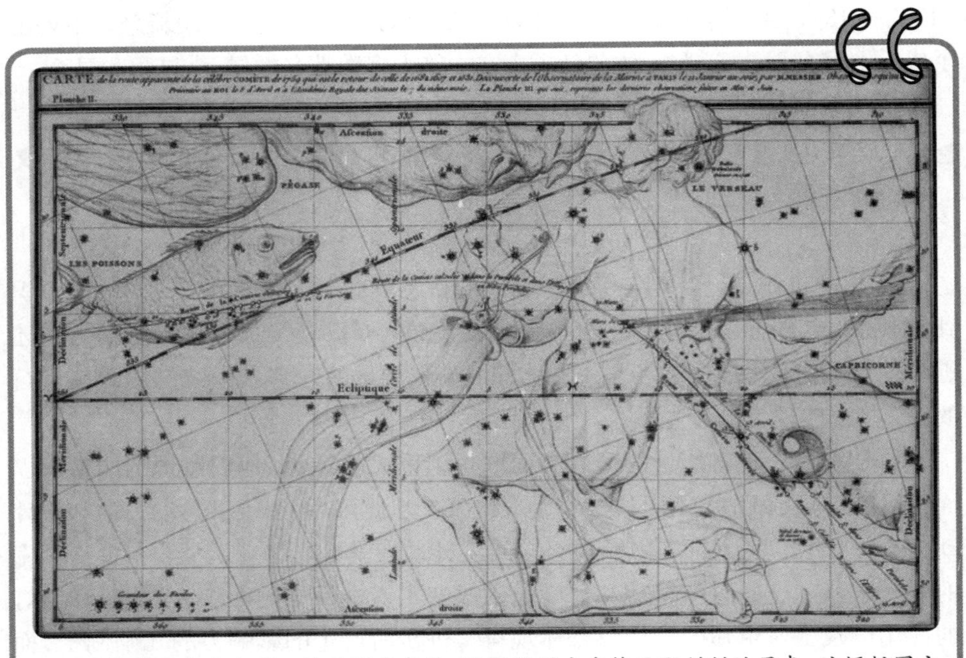

上面的插图是由查尔斯·梅西耶完成的，这幅插图出自梅西耶创制的星表，这幅插图主要描述了哈雷彗星的飞行路线。（国会图书馆）

大量的研究以外，他还在气象学和接触力学（接触力学主要研究当物体发生碰撞时产生的物理现象）领域进行了相关研究。

赫兹在1888年证明了电磁波的存在。当时，人们认为可见光最初是电磁波。赫兹制造出无线电波这种用肉眼无法观测到的电磁波。进行实验时，赫兹将一根电线连接在感应线圈上，然后利用一小段线圈和电火花隙来检验无线电波的存在。赫兹还在马克斯威尔的研究成果的基础上，于1892年完善了马克斯威尔提出的关于电动力学的公式。改进后的公式更加对称协调。直到今天，这些公式还在被普遍应用。赫兹的研究成果已经成为今天无线通信的基础。此外，电磁频率的单位也以他的名字来命名。

詹姆斯·焦耳是谁，他在物理学领域内作出了哪些贡献？

英国物理学家詹姆斯·普雷斯科特·焦耳（1818—1889）是一位富有的酿酒

师的儿子。焦耳的许多科学发现在多年里没有被普遍接受。在他职业生涯的最后阶段，他在研究不同能量（例如电能、动能和热能）之间的相互关系这一领域内为人类作出了重大贡献。今天人们普遍认为，是德国物理学家和科学家尤利乌斯·罗伯特·冯·迈尔（1814—1878）和焦耳发现了热能与动能之间的数学转换关系。动能的物理学单位以焦耳的名字来命名（1焦耳等于0.239卡路里）。

▶ 开尔文勋爵是谁，他在物理学领域内作出了哪些贡献？

英国科学家威廉·汤姆森·开尔文勋爵（1824—1907）是一位杰出的科学家，他的父亲是一位研究工程学的教授。在他的职业生涯中，开尔文先后针对不同物理学领域的众多课题发表过六百多篇科学论文。作为一名研究应用科学的科学家，开尔文先后发明了许多科学仪器，例如镜示电流计。镜示电流计曾经被应用于铺设第一条穿越大西洋的海底电信光缆，这条光缆从爱尔兰一直铺设到纽芬兰。他在应用科学领域取得的成功为他带来了名誉和财富，也为他带来了勋爵的头衔。

开尔文是应用科学研究领域的先锋，他将电与磁场、光和热、热能和引力能的相关观点有机地结合起来。在研究热动力学第一定律的过程中，他与詹姆斯·焦耳合作过，并最终得出结论：的确存在"绝对零度"的温度（这一温度是宇宙中可能存在的最低温度）。今天，为了纪念开尔文，人们将建立在"绝对零度"基础上的温度刻度用开尔文的名字来命名。

物质和能量

▶ 什么是能量？

能量是宇宙中发生各种现象的根源。宇宙中的各种微粒会交换能量以便通过某种形式改变它们的运动、特性或其他方面。能量在我们的周围无处不在，它所呈现出来的形式是如此多样化以至于我们很难确切地说出它的形式。热是能量，光也是能量，任何事物都携带了动能，即使能量本身也可以被转化为其他形

式的能量，反之亦然。

什么是物质？

物质是宇宙中任何物质的构成原料，物质是宇宙中任何具有一定质量的事物。质量具有一种用语言难以描述的特性。粗略地说，质量是物体在空间时间结构内所经历的“拉力”。与质量较小的物体相比，质量较大的物体在空间时间结构内运动得较慢，当然这是在两个事物具有等量的动量或动能的前提下才成立的。

$E=mc^2$这一公式的科学意义是什么？

$E=mc^2$这一公式是爱因斯坦在1905年发现的，它反映了相对论的主要结论。相对论反映了物体和电磁辐射在空间范围内的运动与它们在时间范围内的运动之间的关系。根据这一理论，物质的能量等于该物质的质量与光速平方的乘积。顺便说一下，这一能量对于一点点物质来说是相当巨大的。一分钱硬币所包含的能量要远远超过1945年在广岛和长崎爆炸的原子弹的能量之和。

什么是光？

光是一种能量，它以波的形式运动，携带光的粒子被称为光子。通常来说，光是一种电磁辐射。像 α 射线和 β 射线这些质量较大的粒子所携带的辐射不

物质和能量是同一概念吗？

物质可以被转换成能量，能量也可以被转换为物质。但是它们并不是完全相同的概念。打个比方来说，想一想美元和加拿大元之间的差别，虽然它们都是货币并可以按照一定的汇率相互兑换，但是它们绝不是同一事物。物质和能量之间的“汇率”就是爱因斯坦在1905年发现的著名公式$E=mc^2$。

是光。光所具有的有趣特性在于：它既可以被当作是粒子流，也可以被当作是辐射波。光的这一特性也被称为“波粒二象性”。“波粒二象性”被看做是量子力学的基石，量子力学是物理学的一个分支学科。

什么是光子？

光子是特殊的次原子微粒，它包含并携带能量，但是它不拥有质量。实际上，它可以被想象为发光的微粒。当电磁力被从一个地点转移到另一个地点时，光子要么被制造出来，要么被破坏掉。

什么是电磁波？

电磁波是一种电磁辐射，而电磁辐射是一种光。在地球上，人们通常认为光是人们用肉眼可以察觉到的一种辐射。

一共有多少种电磁辐射？

一共有7种电磁辐射，它们分别是：伽马射线、X射线、紫外线、可见光、红外线、微波和无线电波。其中，伽马射线、X射线和紫外线的波长短于可见光的波长；而红外线、微波和无线电波的波长长于可见光的波长。

电磁波的速度是多少？

光的速度与电磁波的速度是相同的，这是由于光与电磁波在本质上是相同的。

光的速度是多少？

光在真空条件下运行时，它的速度可以接近每秒186 282.4英里（299 728.4千米），也就是每小时670 000 000英里（1 078 000 000千米）或每年5 800 000 000 000英里（9 200 000 000 000千米）！一束光从纽约传到东京只需要不到0.1秒的时间，而一束光从地球传到月球只需要不到1.3秒的时间。

光速的特别之处在什么地方？

光速是任何事物在宇宙的任何部分运行时可以达到的最大速度。在真空条件下，光比任何事物运行得都快。

▶ 科学家们如何测量出光速？

在16世纪晚期，伽利略·伽利莱进行了一个实验，他在实验中将两盏灯放置在相距遥远的两个山头上，他试图测量出光的速度。可是，他只能判断出光速要比他测出的速度还要快。1675年，丹麦天文学家雷默（1644—1710）利用木星卫星发生的蚀现象计算出光的速度为每秒钟14.1万英里（226 917.504千米），这一速度大约相当于现在公认的光速的76%。雷默计算出的光速与现在公认的光速已经相当接近。更重要的是，他的计算结果表明光速并不是无限的。雷默的发现对于物理学和天文学各领域的发展有着重要的科学意义。

18世纪中叶，英国天文学家詹姆斯·布拉德雷（1693—1762）注意到，由于地球在远离或靠近射向地球的星光，一些星星看起来好像在移动。这一现象被称为星光的像差。布拉德雷利用这一现象在误差不超过1%的情况下测量出光速为每秒18.5万英里（297 728.64千米）。19世纪，法国科学家让-伯纳德·利昂·傅科（1819—1868）利用实验室中放置的两面镜子来测量光速。在这两面镜子中，一面镜子在旋转，另一面镜子处于静止状态。由于旋转的镜子可以不断地反射往返于处于静止状态的镜子的光束，这就意味着它可以在不同的角度将光束反射回去。傅科利用几何学原理计算出的光速刚好超过每秒18.6万英里（299 337.984千米）。

1926年，美国物理学家阿尔伯特·亚伯拉罕·迈克尔孙（1852—1931）在更大规模上重复了傅科所进行的实验，他在加利福尼亚州相隔22英里（35.405 57千米）的两座山上分别放置了许多面镜子。经过计算他得出结论：光的速度为每秒186 271英里（299 774.116 224千米）。

光是否曾经改变过它的运行速度？

是的，当光经过不同的物质时，它会改变其运行的方向和速度。任何能够传播光线的物质都具有折射率这一特性。绝对真空状态的折射率为1，空气的折射率为1.000 3，水的折射率为1.33，各种玻璃的折射率约为1.5，钻石的折射率为2.42。光经过折射率较高的物质时，它的运行速度较慢。

当我们提到光速是恒定的这一观点时，我们要说明什么？

说光速是恒定的意味着任何观测到光束的观测者所测量到的光速是相同的，无论这一观测者是靠近光束，还是远离光束，或是与光束毫无联系。同样的道理，观测者的运行速度也不会影响到对光速的测量。或者说，当人们提到物体

迈克尔孙－莫雷实验是如何进行的？

迈克尔孙－莫雷实验是利用一种被称为干涉测量法的特殊的实验技术进行的。在实验过程中，实验者将一束光打到被放置在一定角度的镀银镜面上，一部分光会穿过镜面，剩余的光被镜面反射回来。每一部分光接下来会被其他镜面反射，然后在镀银镜面上重新汇集并回到光源的最初位置。如果部分光束在传播的过程中发生了改变，重新汇集的光将会呈现出某种可以测量的干涉图样。

由于光的两个光路拥有不同的传播方向，迈克尔孙和莫雷作出了下面的假设：它们会与以太产生不同的相互作用，从而产生不同的干涉图样。令他们感到意外的是，重新汇集的光并没有呈现出任何可以测量的干涉图样。这一结果显示：虽然在一段时间内两个光束沿着不同的方向运行，它们的运行速度是完全相同的。如果宇宙中存在任何形式的以太，这一结果不可能出现。

的相对观测速度时，光线不再具有通常意义上的相对性，它遵循的是特殊相对论，这一理论是由阿尔伯特·爱因斯坦在1905年提出的。

▶ 是谁首先获得了证明光速的恒定性的证据？

出生在波兰的美国科学家阿尔伯特·亚伯拉罕·迈克尔孙（1852—1931）和美国化学家爱德华·威廉姆斯·莫雷（1838—1923）通过实验证明了光在宇宙中运行的方式。在19世纪末，科学家们认为，光波在一种被称为以太的特殊物质中运行，这就好比海浪在海水中运行一样。设计迈克尔孙-莫雷实验，主要是为了验证以太的某些特性。然而，实验的结果与迈克尔孙和莫雷的预期完全不同。相反，实验的结果证明，所谓“以太”这种物质根本不存在；另外，光的运行速度是恒定的。

▶ 谁研究过迈克尔孙-莫雷实验的结果？

在迈克尔孙-莫雷实验的结果被证实以后，许多当时的杰出物理学家仔细研究了实验的结论。爱尔兰数学、物理学家乔治·弗朗西斯·菲茨杰拉德（1851—1901）、荷兰物理学家德瑞克·安图恩·洛仑兹（1853—1928）和法国数学、物理学家儒勒·昂利·彭加勒（1854—1912）这3位科学家对解释实验结论的产生过程非常感兴趣。他们能够证明物体的长度与物体的运行速度之间存在特殊的数学关系，这一关系在今天被称为“洛仑兹乘数”。到20世纪初的时候，彭加勒开始认为，物体所经历的时间会发生改变，它主要取决于物体的运动速度有多快。然而，直到1905年，条理清晰的相关理论才被研究出来。

▶ 是谁最终通过实用的理论解释了迈克尔孙-莫雷实验的结果？

出生在德国的物理学家阿尔伯特·爱因斯坦（1879—1955）解释了迈克尔孙-莫雷实验。有时，人们把1905年称为是爱因斯坦创造奇迹的年份。在这一年里，爱因斯坦先后对外公布了一系列的科学发现，这些科学发现改变了人类对整个宇宙的科学认识。爱因斯坦不但解释了“布朗运动”这一生物学现象，还解释了光电效应这一电磁现象。此外，他还解释了迈克尔孙-莫雷实验的结果。

为了解释上述现象和实验结果，爱因斯坦还设计出与相对论有关的新的“特殊理论”，并通过$E=mc^2$这一公式来解释物质与能量之间的关系。

时间、波和微粒

空间是什么？

很多人认为在空间里没有任何其他事物，宇宙中的天体被“空荡荡的空间”所包围。实际上空间是一种结构，宇宙所有的物质嵌入其中并在此穿行。大家可以想象一下，眼前有一块动物胶色拉，在色拉的里面嵌入几块水果。水果就可以被看做是宇宙中的天体，而动物胶色拉可以被看做是空间。实际上，空间并不意味着什么也没有；相反，在宇宙中，空间包围这一切，包容这一切，也包含了这一切。

空间具有3个维度，也就是我们通常想到的长度（前后方向）、宽度（左右方向）和高度（上下方向）。然而，空间可能会变弯，所以一个维度也许并不代表一条直线。

时间是什么？

时间实际上是一个维度，或者说是宇宙中物体运行或占据的方向。由于宇宙中的物体既可以上下运动，又可以前后运动，还可以从一侧运动到另一侧，所以物体可以在时间中运行。与空间具有3个维度不同的是，宇宙中不同种类的物体在时间中穿行时只能沿着某一特定的方向来运行。从数学的角度来说，包括星系、恒星、行星和人类在内的物质在时间中只会向前运动。同时，由反物质构成的微粒在时间中只会向后运动，像光子这样由能量构成的微粒，由于没有质量，在时间中无法运动。

什么是空间时间？

想象一下眼前有一块有弹性的且可以拉伸的结构，例如橡胶或斯潘德克斯

弹性纤维，它就像一个二维的平面，既可以凹陷、弯曲、缠绕，也可以被用力地戳，这主要取决于在它的上面放置了什么样的物体。空间时间可以被看做是有弹性且能被弯曲的结构，就像橡胶板一样，唯一不同的是它具有4个维度。根据弗里德曼-罗伯逊-沃尔克度规，它的长度和距离具有某种数学联系。

时间与空间是如何联系在一起的？

空间的3个维度与时间的1个维度联系在一起所构成的四维结构被称为空间时间。在20世纪初期，亚历山大·弗里德曼（1888—1925）、霍华德·波西·罗伯森（1903—1961）和阿瑟·杰佛理·瓦尔克（1909—2001）等科学家从现代数学的角度阐述了4个维度是如何联系在一起的。这一公式被称为宇宙的度规。

是谁首先解释了空间与时间的关系？

著名的德裔美籍物理学家阿尔伯特·爱因斯坦（1879—1955）首先意识到，为了解释迈克尔孙-莫雷实验，必须将空间内的运动同时间内的运动紧密地结合起来。根据他在1905年提出的特殊相对论，物体在空间内运动得越快，在时间内运动得越慢。爱因斯坦认为空间与时间之间一定有着非常紧密的联系，这一联系对于描述宇宙的形状和结构是至关重要的。然而，他并没有掌握数学方面

阿尔伯特·爱因斯坦。（国会图书馆）

的相关知识来证明这一联系是如何发挥作用的。

爱因斯坦向他的朋友和同事们咨询了继续进行相关研究的最佳方式。在德国数学家格奥尔格·黎曼（1826—1866）和俄国-德国-瑞士数学家赫尔曼·明可夫斯基（1864—1909）发现的启发下，并在匈牙利-瑞士数学家马赛尔·格罗斯曼（1878—1936）的指导下，爱因斯坦了解了非欧几里得椭圆几何学和张量的公式。1914年，爱因斯坦和格罗斯曼提出了普通相对论和引力理论的雏形。在后来的几年内，爱因斯坦又继续完成了上述理论的表述。

我们怎么能知道普通相对论是正确的？

任何科学观点在被实验或观测证明以前都不能被称为科学理论。根据普通相对论关于引力的公式的预期，光和质量都会沿着一定的路径在空间内运行，这个空间由于内部存在拥有质量的物体而变弯。如果普通相对论是正确的，那么遥远的恒星所发出的光会沿着弯曲的路线在太空中穿行，太空的弯曲是太阳的引力所造成的。那些恒星看上去在天空中靠近太阳的位置，但是如果太阳不在目前的位置上，恒星的位置也会相应发生改变。

为了验证这一预言，英国天体物理学家亚瑟·爱丁顿（1882—1944）在1919年组织了一次大型的科考远征活动。在这次活动中，他利用日全食的机会观测了太空。当月亮遮住了耀眼的太阳光时，天文学家们测量出位于太阳附近的恒星在当时的相对位置。然后，他们把这些数据同夜间太阳不在视线中时测量到的同类数据进行对比，结果发现它们的位置在白天和黑夜实际上是不一样的，这种位置上的不符合正好与爱因斯坦的理论所预测的结果是一致的。通过观测得到证实的普通相对论永久地改变了物理学这个科学领域。这一重大发现成为各大报纸的头条新闻，阿尔伯特·爱因斯坦也因此成为国际上的名人。

什么是爱因斯坦的普通相对论？

普通相对论的主要观点是：空间和时间是紧密结合在一起的，它们所在的四维结构被称为空间时间；空间时间可以被质量弯曲；拥有一定质量的物体会使空间时间向物体的方向发生“凹陷”（在脑海中想象一个放置在跳跃床上的保龄球是如何使跳跃床发生凹陷的）。

在宇宙中的四维空间时间结构中，如果一个质量较轻的物体接近一个质量较重的物体（例如，一颗行星接近一颗恒星），质量较轻的物体将会沿着弯曲的空间路线运动。同时，它会被质量较重的物体所吸引并向它的方向运动。想象一下在跳跃床上放置一个保龄球，如果一块大理石从这个保龄球的旁边滚动过去并滚入跳跃床的凹陷部分，这块大理石接下来会向着保龄球的方向滚动过去。根据普通相对论，这就是引力起作用的过程。爱因斯坦认为：牛顿的万有引力定律在描述引力产生的过程时几乎是完全正确的，但是该理论在解释引力产生的过程时又是不完整的。

什么是爱因斯坦的特殊相对论？

根据特殊相对论，无论观测者是谁，无论观测者在进行怎样的运动，他所观测到的光速都是不变的。这意味着光的速度是宇宙中所有物质运行的最快速度。

此外，如果光的速度是恒定的，这意味着运动的其他特性一定会发生改变。既然速度被定义为被消逝的时间平分的距离，这意味着随着物体运动速度的改变，物体经过的距离和时间也会发生改变。物体在空间内运动得越快，它在时间内运动得越慢。

最后，既然质量可以被看做是物体在移动的过程中所要克服的阻力，那么处于移动状态中的物体实际上比处于静止状态中的物体质量大；物体运动得越快，它的质量越大。当物体的运动速度达到光速时，它已经不再是物质，而成为能量。$E=mc^2$这个著名的公式就说明了上面的理论。

空间和时间与物质和能量之间有什么样的联系？

正如普通相对论是用来解释时间和空间是如何发挥作用的科学理论，量子动力学是用来解释物质和能量是如何发挥作用的科学理论。相对论与动力学之间有许多重要的联系。例如，物质和能量之间存在相互转换的关系，它可以用$E=mc^2$来表示。又如，物质可以产生引力，正如美国物理学家约翰·阿奇博尔德·惠勒（1911—2008）所说：空间时间说明了物质是如何运动的，物质说明了空间时间是如何弯曲的。

普通相对论和量子动力学这两个重要的科学理论在描述宇宙的层面上没有多少交叉和重叠。实际上，有时利用一种理论来描述某些物理现象会与利用另一种理论来描述这些物理现象产生矛盾。如何将这两个重要的科学理论统一起来是今天科学研究的前沿课题之一。

一个人在时间结构中可能比另一个人运动得慢吗？

一个人在时间结构中有可能比另一个人运动得慢。当一个人比另一个人运动得快时（例如，这个人在公共汽车上或者在飞机上），时间要比这个人处于静止状态时流逝得慢一点。然而，在这种情况下，这种差异小到令人无法置信的程度。即使一个人在12小时内一直坐在一架喷气式飞机内，同这个人位于地面时相比，这种时间上的差异也不足十万分之一秒。假设一个人以令人无法置信的每小时335 000 000英里（539 130 240千米）（光速的一半）的速度运动，当他经历了10小时24分钟的时间流逝时，另一个在地面上处于静止状态的人经历了12小时的时间流逝。但是，这一假设的速度实在是太快了，它已经远远超过了目前交通运输技术的能力。

什么是伽马射线？

伽马射线是一种电磁波，它的波长短于10^{-9}米（一亿分之一米）。伽马射线的能量很强，并具有极强的穿透力，所以它会对人产生强烈的辐射伤害。伽马射线通常产生于宇宙中最强烈的天文过程，例如恒星的爆炸和超级巨大的黑洞系统。

什么是X射线？

X射线是一种电磁波，它的波长介于10^{-9}米和10^{-8}米（一亿分之一米和一万分之一米）之间。这种辐射可以穿过人体的组织，所以，在医院里它可以用

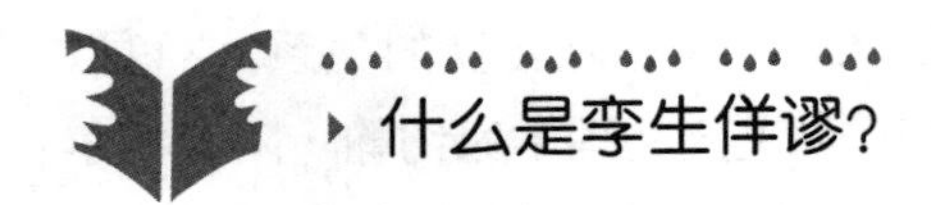

什么是孪生佯谬？

如果物体在空间的运行速度不同，它们所经历的时间流逝也会不同。所以，我们可以想象下面的情形：一对长得一模一样的双胞胎可能会最终成为两个生活在不同时代的人。如果其中的一个孩子在出生以后就被放入一辆高速行驶的车辆中，而另一个孩子保持相对静止，他们的年龄增长速度会截然不同。上面这种情形被称为“孪生佯谬”。

来给人的内脏系统和骨骼拍照。

什么是紫外线？

紫外线是波长介于10^{-8}米和3.5×10^{-7}米之间的电磁波。这种辐射会导致人的皮肤被晒黑或被灼伤。

什么是可见光波？

可见光波是波长介于3.5×10^{-7}米和7×10^{-7}米之间的电磁波。这种电磁辐射能够被人的眼睛察觉到，它可以大致被分为7种颜色，即紫色、蓝紫色、蓝色、绿色、黄色、橘黄色和红色。

什么是红外波？

红外波是波长介于7×10^{-7}米和10^{-4}米之间的电磁波。人们用肉眼无法看到这种辐射，但是他们可以感受到这种热量的存在。由于人类的体温较高，人类所释放出来的辐射绝大多数呈现为红外波这种形式。这也可以解释“夜视仪物镜”的工作原理：它们可以在即使没有足够的可见光的情况下发现物体或人体发出的红外波。

什么是微波?

微波是波长介于0.000 1～0.01米的电磁波。这种波可以用来给水加热，也可以用来进行无线通信，微波炉和移动电话就分别应用了这一原理。宇宙本身也会释放出微波。宇宙形成初期残留下来的热量使太空深处的温度保持在大约2.7开尔文（−270.45摄氏度）（高于绝对零度2.7 左右），所以太空本身也会释放出微波辐射。

电磁波与电磁辐射之间有什么区别?

电磁波与电磁辐射这两个术语指的是同一事物，只不过它们在不同的上下文中被使用。光子所携带的电磁力既可以被看做是光源向外释放的波，也可以被看做是从光源向外运动的粒子。

什么是无线电波?

无线电波是波长大于大约0.01米的电磁波。它们在地球上可以被用于传送广播节目和电视节目。在宇宙中也会产生大量的无线电波，这主要是由于宇宙中存在强烈的电磁场、快速移动的带电物质和由星际间的氢气构成的云体。

量子动力学

光为什么既是粒子又是波?

光既可以代表单位粒子（光子），又可以代表单位波。这一现象被称为波粒二象性，它也是量子动力学的基本理论内容，它实际上在很小的层面上描述了粒

子的运动。

什么是量子动力学?

量子动力学理论主要描述了在显微镜环境内物质和能量的运动和表现。那些描述恒星、行星和人类在宇宙中的运动规律的物理定律,在研究原子、分子和次原子等粒子时变得不再适用。量子动力学的基本概念包括:

——波粒二象性:光既是一种波,也是一种没有质量的粒子。拥有一定质量的粒子也可以被看做是"物质波"。所以,虽然光子没有质量,它们的确具有动量并可以产生力量。这和牛顿运动定律提出的观点是截然不同的。根据牛顿运动定律,物体要想具有动量和力量,必须首先具有质量。

——不连续位置和运动:在非常小的层面上,物质不可能存在于任何可能的位置上。相反,在任何微粒的附近(例如原子核),其他的微粒只能处于某些

波粒二象性的概念是如何形成的?

艾萨克·牛顿提出了所谓的"微粒理论"。根据这一理论,光是由微粒携带的。克里斯蒂安·惠更斯支持所谓的"波理论"。在一个多世纪的时间里,这一争论一直悬而未决,直到詹姆斯·克拉克·麦克斯韦(1831—1879)提出了电磁场理论。电磁场理论解释了电磁力是如何以波的形式进行运动的。这一理论看上去证实了光是靠波携带的。然而,不久以后热动力学的研究表明,"波理论"并不能完全解释光的运动。马克思·普朗克(1858—1947)和阿尔伯特·爱因斯坦分别在1900年和1905年证明了光能实际上可以被解释为由微粒携带的能量。在这以后的几十年里,"微粒理论"和"波理论"之间的争论还在继续。最后,一种能够平衡上述理论的新理论出现了,它就是量子动力学理论。根据这一理论:光既是一种波,又是一种微粒。

位置上并保持一定的距离，这也是任何微粒的特性所在。为了理解这一原理，我们可以想象眼前有一个人在上楼梯或下楼梯，这个人只能站在有台阶的高度，而不可能停留在台阶之间的半空中。这一理论与牛顿运动定律的观点也不一样。根据牛顿运动定律：只要存在一定数量的动量或力量，物体之间一定会保持一定的距离。

——不确定性和流动性：在很小的层面上，我们不可能绝对精确地测量出任何微粒在任何地点和时间的运动和能量。实际上，地点或时间间隔测量得越精确，测量到的运动和能量的数值就越不精确。这意味着在很短的时间内（比一兆分之一秒还要短得多），大量的能量可能会产生或消失。对于这一点，我们永远也不会注意到，因为这一时间间隔对于人类来说实在是太短了。科学家们进行了如下假设：在宇宙诞生的时候已经发生过一次这种激烈的能量流动，这就是所谓的“创世大爆炸”理论。

谁是马克思·普朗克，他为人类对物质的理解及量子动力学的发展作出了哪些贡献？

德国物理学家马克思·普朗克（1858—1947）为现代物理学的发展，特别是量子动力学的发展作出了杰出的贡献。在他研究炎热的物体所释放出的热辐射和电磁波时，普朗克首先发现了描述发热物体所产生能量的光谱分布的数学方法。为了达到这一目的，普朗克采用了一种数学方法。根据这种方法，光不是由连续的波构成的，而是由微粒或被称为量子的“片段”构成的。他的理论很快被证明是光的基本特性。今天，德国有一个重要的研究机构被称为马克思·普朗克研究会。德国国家自然科学实验室也是以他的名字命名的。

马克思·普朗克。（国会图书馆）

欧内斯特·卢瑟福是谁，他为人类对物质的理解及量子动力学的发展作出了哪些贡献？

欧内斯特·卢瑟福。（代表大会的程序馆）

新西兰物理学家欧内斯特·卢瑟福（1831—1937）为人类对物质的了解，特别是在显微镜条件下对物质的了解作出了巨大贡献。他为人类对放射现象的了解也作出了巨大贡献。卢瑟福为了描述不同种类的放射辐射，采用了“阿尔法射线”“β 射线”和“伽马射线”的术语，他也因此而出了名。在他所进行的著名实验中，为了研究原子的结构，他点燃了位于薄薄的金原子片上的放射微粒。他预计这些微粒会在原子的作用下发生轻微的偏斜。结果，让他感到意外的是，几乎没有任何微粒发生偏斜，一些微粒仿佛遇到了坚硬的墙壁一样立刻被弹了回来。卢瑟福这样解释上述结果：原子包括大量的空间，这些空间被细小的负电荷所占据，一个体积很小但密度很大的原子核会包含正电荷。卢瑟福的实验结果强有力地证明物质实际上是由原子构成的。

阿尔伯特·爱因斯坦为人类对物质的理解及量子动力学的发展作出了哪些贡献？

1905年，阿尔伯特·爱因斯坦不但提出了特殊相对论，还提出了另外两个理论。这两个理论成为理解宇宙物质基本方法的一部分。在其中的一个理论中，他解释了“布朗运动”。“布朗运动”是指在显微镜观测条件下，一些悬浮在牛奶或水面上的脂肪球看起来在进行无规则的摇摆运动。爱因斯坦认为：“布朗运动”是由一些在悬浮物周围运动的原子和分子所引起的，正是它们的撞击使脂肪球发生了运动。爱因斯坦在他的另一个理论中解释了光电效应。所谓光电效应是指某些颜色的光遇到金属片时会产生电流，而另外一些颜色的光遇到金属片时不会产生电流。上述效应主要是由于光既是一种波，又是一种微粒。“布朗运动”进一步帮助人们证实了原子的存在；光电效应表明，像量子动力学这样的物理学新理论对于如何解释光的本质和运动是至关重要的。

最后是谁在什么时候确立了量子动力学理论？

绝大多数的科学家都认为，直到1937年，量子动力学理论才最终被认为是描述显微镜环境下物质和能量运动的正确方式。英国物理学家保罗·狄拉克（1902—1984）、德国物理学家沃尔夫冈·泡利（1900—1958）、法国物理学家路易·德布罗意（1892—1987）、奥地利物理学家欧内斯特·薛丁格（1887—1961）和德国物理学家沃纳·海森堡（1901—1976）等科学家都为创立这个理论的数学模式以及解释量子现象的细节作出了贡献。总的来说，量子动力学的发现不能归功于某一个人。和科学发展史上的许多成就一样，许多杰出的科学家为了确立量子动力学理论付出了长期的努力。

近些年来，量子动力学理论有了哪些新发展？

和许多重要的科学理论一样，量子动力学理论在最初形成并被最终确认以后，又取得了重大的进步。量子动力学的最初理论发展到今天，科学家们已经可以描述出宇宙中亚原子微粒（例如费密子、玻色子、夸克和轻子等）的标准模式以及它们复杂的运动和相互作用（量子电动力学和量子色动力学）。今天人们还在研究物质和能量的基本性质，将来一定会出现许多激动人心的新发现和新进步。

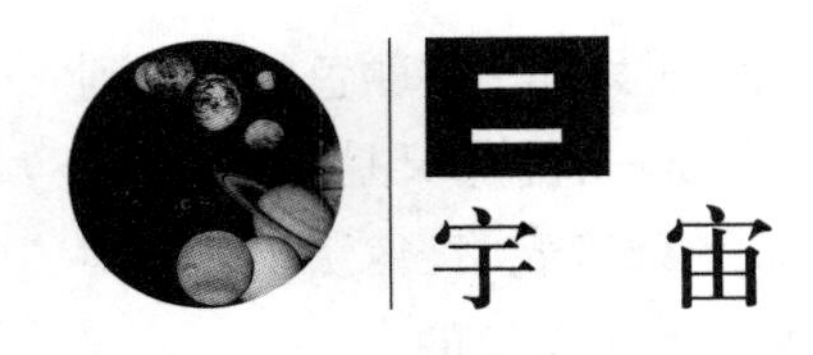

二 宇 宙

宇宙的特征

什么是宇宙?

宇宙包括所有存在的空间、时间、物质和能量。很多人把宇宙理解为空间,但是空间实际上只是一个框架。或者说,空间是宇宙存在的“脚手架”。此外,空间和时间紧密结合在一个四维的结构中,这一结构被称为空间时间。

令我们感到惊讶的是,根据一些科学家提出的假说,宇宙并不仅仅局限于我们所生活的宇宙空间。在这种情况下,宇宙不仅仅包括空间、时间、物质和能量,宇宙中一定存在其他的维度,也许还存在其他的宇宙。然而,科学家们假设的这些模式还没有得到证实。

为什么宇宙会存在?

无论如何,这一问题不能单单靠自然科学来回答。天文学只能提出一个解释宇宙起源的理论。

宇宙的年龄是多少?

宇宙的年龄并不是无限大。根据现代天文学的测量结果,宇宙形成于大约137亿年以前。

宇宙是无限的吗？

至今科学还无法准确地确定宇宙的大小。也许宇宙真的是无限大，但是我们目前无法从科学的角度去证实这一可能性。

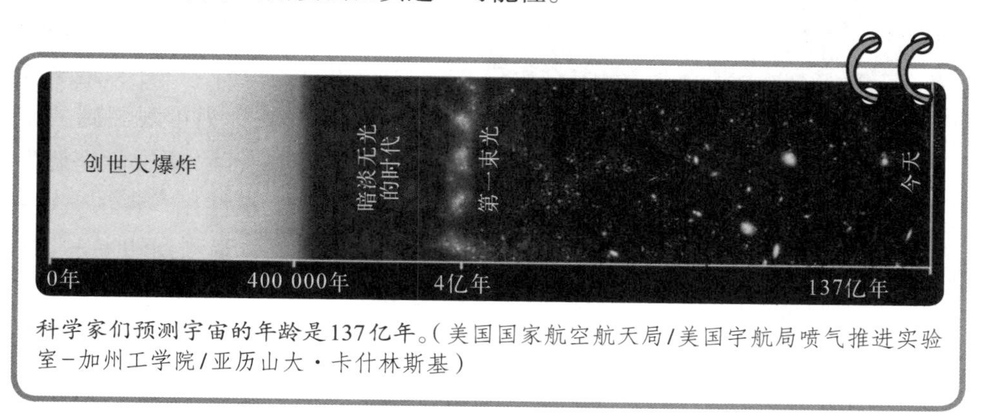

科学家们预测宇宙的年龄是137亿年。（美国国家航空航天局/美国宇航局喷气推进实验室-加州工学院/亚历山大·卡什林斯基）

宇宙的结构是什么样的？

和宇宙中物质的结构正相反，宇宙的结构是由空间的形状所决定的。奇怪的是，空间的形状是弯曲的。在非常大的层面上，比如穿越了几百万光年甚至几十亿光年，宇宙拥有一个三维的“马鞍形状”，这一形状被数学家们称为“负弯曲”。然而，在我们的日常生活中，这一效应是如此微小以至于我们无法注意到它。

根据普通相对论，在较小的层面上，也就是当我们提到行星、恒星和星系时，宇宙的结构可以被拥有一定质量的物体所改变。这种改变表现为空间和时间的弯曲。

宇宙究竟有多大？

在银河系的地球上，虽然我们使用了各种观测技术，人类所能观测到的宇宙范围是有一定的限度的。设想一下，你现在位于海洋中心的一艘船上。此时，

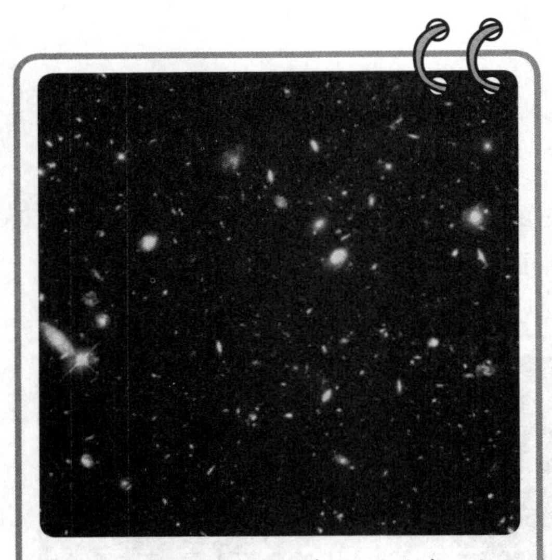

宇宙的范围大得让人无法相信，它向每一个方向延伸数兆光年，而且包含了几十亿个星系。（美国国家航空航天局/美国宇航局喷气推进实验室－加州工学院/亚历山大·卡什林斯基）

如果你向四周望去，唯一能够看到的是一定距离范围内的海水。但是，我们知道，实际上地球表面的范围远远要超过地平线这一极限。我们所能观测到的最远极限被称为宇宙地平线，它在各个方向距离我们有大约137亿光年（大约800亿兆英里）的距离。在宇宙地平线之内的范围被称为可观测到的宇宙。在许多情况下，天文学家们为了简明扼要，索性用"宇宙"这一称谓来代替"可观测到的宇宙"这个概念。

至于超过宇宙地平线的那部分宇宙，目前还没有测量其大小的科学方法。同时，我们没有理由认为在宇宙的远方有或没有一个边界。虽然宇宙没有边界，但是我们还是可以将它的面积加以限定。例如，我们可以想一想我们的家园：地球表面的范围是有限的，但是如果你乘坐一艘小船，你在地球上无法到达被称为"地球尽头"的地方，也不会从地球上掉下去。在我们所生活的宇宙这个巨大的三维立体空间内，道理极有可能是非常相似的。

▶ 宇宙有可能是哪些形状？

可能存在的宇宙形状大致可以被分为三大类：开放的、扁平的和闭合的。这些形容词主要用来描述整个宇宙弯曲的形状。由于宇宙本身是一个拥有一定质量的物体，所以整个宇宙一定是弯曲的。

▶ 封闭的宇宙、扁平的宇宙与开放的宇宙之间有什么区别？

封闭的宇宙——在其内部发生弯曲，所以它的整个体积是有限的。这里，我们会提到二维空间，大家可以想象一下球体的表面。球体的表面没有锋利的边缘，但是它的整个形状是有界限的。随着封闭的宇宙不断地膨胀，具有一定体积的空间的边缘会向内收缩。这样一来，膨胀的过程不但会最终停下来，而且会转化为收缩的过程，这一过程被称为“宇宙大收缩”。

扁平的宇宙——没有纯粹的曲率。这时，当我们提到二维空间时，大家可以想象一下立方体的表面。所有由于具有质量的物体而产生的弯曲平均为零。长度、宽度和高度在宇宙中成直线延伸。随着扁平的宇宙不断地膨胀，具有一定体积的空间的边缘会保持直线状态。所以，宇宙的膨胀将会无限地继续下去。

开放的宇宙——会向外弯曲，所以它的整个体积不可能是有限的。这里，我们同样会提到二维空间。这一次，大家可以想象一下一位骑术家的马鞍。整个弯曲形成于形状的中心。如果平面向外延伸，弯曲就会毫无限度地继续下去。随着开放的宇宙不断地膨胀，任何具有一定质量的空间的边缘会向外弯曲，所以整个膨胀的过程是不会停下来的。

宇宙的起源

宇宙是如何形成的?

描述宇宙起源的科学理论被称为创世大爆炸理论。根据创世大爆炸理论，宇宙在开始形成的时候，是空间时间的一个点。从此以后，它开始不断地膨胀。随着膨胀的不断发生，宇宙的状况也在不断地发生改变，它经历了从小到大、从热到冷和从年轻到年老的演变过程，并形成了我们今天观测到的宇宙。

哪些科学家们首先提出了创世大爆炸理论?

1917年，荷兰天文学家威利姆·德·锡特（1872—1934）证明了如何利用阿尔伯特·爱因斯坦的普通相对论来描述不断膨胀的宇宙。1922年，俄国数学家亚历山大·弗里德曼（1888—1925）推导出用数学模式来描述不断膨胀的宇宙的准确方法。20世纪20年代末，比利时天文学家乔治-亨利·勒梅特

（1894—1966）独立地再一次发现了弗里德曼提出的数学公式。勒梅特通过推论得出结论，如果宇宙自从存在以来一直在膨胀，那么在遥远的过去的某一时刻，整个宇宙仅仅占据了一个点的空间，那一时刻和那个点就是宇宙的起源。勒梅特、锡特和弗里德曼的研究成果最终通过观测得到了验证。勒梅特不但是一位天文学家，而且还是一位耶稣会的牧师。所以，他有时也被称为"创世大爆炸理论之父"。

谁提出了"炙热的"创世大爆炸的观点？

出生在俄国的美国科学家乔治·伽莫夫（1904—1968）进一步完善了创世大爆炸的宇宙模式，他的理论中包括宇宙中能量分配的内容。他认为，如果创世大爆炸真的发生过，在大爆炸发生以后宇宙的温度会高得令人难以置信。具体说来，可以达到若干兆度。随着宇宙的膨胀，宇宙中的热量会在更大的体积空间内进行分配。在大爆炸发生1秒以后，宇宙的温度就会下降。这时，宇宙的平均温度会下降到10亿度左右。在大爆炸发生50亿年以后，宇宙的平均温度会仅为几千度，依此类推。不过，伽莫夫的理论表明，几十亿年过去以后，宇宙大爆炸时产生的热量还存在。在大约150亿年以后，这一热量看上去就像背景辐射场，它的温度只比绝对零度高几度。伽莫夫预言：由于宇宙背景辐射包括微波辐射的形式，所以它能够被人类察觉到。1967年，宇宙微波背景辐射真的被发现了。

创世大爆炸学说是一个理论还是一个事实？

它是一个理论。从科学的角度来看，它比某些科学事实更具有影响力。科学事实是由若干单一信息构成的，而科学理论会将许多科学事实综合成一种理论模式，这一模式接下来经过预测、观测和实验等一系列过程被加以证实。在科学领域，单独的事实不仅是苍白无力的，而且往往后来被证明是错误的，而理论往往由于经过了证据的论证不容易被否定。

创世大爆炸理论拥有可靠的科学证据，与之相关的基本原理已经被科学实验证明是正确的。然而，同科学领域中的其他重大理论一样，这一理论也存在许多尚未证明的细节和尚未回答的问题。这些未知的领域继续引领科学家在努力了解宇宙的同时为人类带来新的发现。

根据创世大爆炸理论，在宇宙诞生的时候，究竟发生了什么？

创世大爆炸理论并没有针对为什么会发生创世大爆炸作出解释。根据一种被普遍认同的假说：宇宙最初是一个“量子泡沫”，或者说是一个没有任何形状的空空的物体，比原子还要小得多的物质泡沫在极其短暂的时间内进进出出“量子泡沫”所在的区域，它们出现之后又会消失。上面我们所提到的极其短暂的时间比一兆分之一秒的兆分之一的兆分之一还要短得多。在今天的宇宙里，这种量子流动还在发生，但是它们发生得太快以至于不会影响到宇宙中的天文事件。但是，就在137亿年以前，某一个量子流动在发生以后并没有消失，并突然向外膨胀，并形成了巨大的爆炸，然后像宇宙这样的物质就可能最终形成了。

根据另外一个更新提出的假说，宇宙是一个四维的空间时间，它存在于两个五维结构的交叉点上，这种五维的结构被称为“薄膜”。大家可以在脑海中想象一下，两个肥皂泡相互接触并黏在一起，两个肥皂泡重叠的部分是两个三维结构相互作用的结果。如果“薄膜”假说是正确的，那么创世大爆炸这一天文事件标志着两个“薄膜”相互接触的时刻。到目前为止，上面两种模式还没有被实验或观测所证明。

在创世大爆炸发生以前有什么？

询问在创世大爆炸发生以前有什么，这种问法本身就是不够科学的。这是因为时间在创世大爆炸发生以前是不存在的。这就好比由于地球并没有在北极以北继续延伸，所以在北极以北的事物根本不存在一样。同样的道理，在第一个时间瞬间诞生以前，没有所谓的“之前”的事物。

然而，如果你能想象出不只有一个宇宙，那就意味着具有其他空间维度和时间维度的其他宇宙可能会在我们的宇宙诞生之前就已经存在了。持有这种想法的人有可能受到了“薄膜理论”和“线性理论”的影响。

宇宙的活动与创世大爆炸发生的最初瞬间究竟有怎样紧密的联系?

创世大爆炸这一天文事件本身是独特的，目前人类已经掌握的物理规律还无法对当时发生的一切进行描述。这意味着当我们研究宇宙的运动时，我们只能追溯到创世大爆炸发生以后的某段时期，而且现有的物理学原理必须能够对这一时期进行解释。科学家们把分别描述宇宙最小体积和宇宙最小时间的两个重要理论结合起来，也就是把普通相对论和量子动力学结合起来，推论出宇宙活动的最早时间大约在创世大爆炸发生以后的大约10^{-43}秒。那就相当于一兆分之一秒的兆分之一的兆分之一的万分之一！宇宙历史上未知的最早时间被称为普朗克时间，这一时间是以德国物理学家马科斯·普朗克的名字命名的，普朗克是量子理论的先驱。

在普朗克时间，宇宙的体积有多大?

在普朗克时间，宇宙的体积大约相当于光在这一时间间隔内运行的距离。这意味着时间的直径是10^{-35}米，大约也就是一英寸（0.025 4米）的兆分之一

在创世大爆炸发生以后，宇宙的膨胀速度一直保持不变吗?

根据科学家们目前对创世大爆炸理论的陈述和天文学家们近来获得的观测数据，宇宙膨胀的速度并非一成不变。在普朗克时间以后过了不久，宇宙经历了一段超级膨胀的时期。在这段时期内，宇宙的直径突然增长了许多倍，这一倍数的数值至少相当于10亿的平方与10的乘积，这一模式被称为宇宙膨胀模式。在超级膨胀时期结束以后又过了很久，宇宙的膨胀速度又恢复到接近恒定的状态，而且与前一阶段相比放慢了一些。接下来，在距今几十亿年以前，这一速度又开始加快。目前，宇宙的膨胀速度还在加快，不过这一变化并不明显。实际上，我们生活在一个加速的宇宙当中。

的兆分之一的10亿分之一。这一长度被称为普朗克长度。

在普朗克时间，宇宙的质量和密度分别是多少？

利用与得出普朗克时间和普朗克长度的方法大致相同的方法，我们可以计算出宇宙在普朗克时间的质量和密度。结果证明，普朗克质量减去宇宙在创世大爆炸发生以后10^{-43}秒时的质量大约为千分之一克的千分之一。

这听起来好像不大符合地球上的度量标准。不过请记住，这个质量被包含在一个直径比原子核直径的兆分之一的兆分之一的1%还小的体积内。所以，原始宇宙的密度可以达到水密度的10^{94}倍，这一点同样令人难以置信。在宇宙中我们已知的范围内，包括密度最大的已知黑洞在内，任何事物的密度都不曾接近过这一数值。按照这种模式集中起来的能量，其运动形式在目前的宇宙中是无法想象的。不过，这种表现形式在宇宙的形成初期一定反映在当时的各种天文事件当中。

物质是在什么时候形成的？物质又是怎样形成的？

在普朗克时间以后，宇宙的膨胀速度开始加快。此时，所有的能量都冲出来填补扩大的空间。结果，宇宙开始冷却下来。在创世大爆炸之后大约100万分之一秒的时候，宇宙的温度仍然在一兆度以上。但是，此时的能量密度已经下降到足以保证亚原子微粒在短时间内形成的程度。这些微粒在物质与能量之间反复变换。在非正式场合，人们把宇宙的这种状态称为“夸克-胶子汤”。当然，这种状态可能并不是宇宙中物质的最初形态。不过，它仍然是到目前为止科学家们能够模拟的温度最高且时间最早的宇宙状态。科学家们利用巨大的超级对撞机模拟出在显微镜下可以观测到的巨型能量密度的爆炸现象。

为什么说膨胀模式对于现代创世大爆炸学说是至关重要的？

膨胀模式是在20世纪70年代早期提出来的，它的提出主要是为了解释关于宇宙的两个重要观测结果。首先，就目前天文学家的观测能力而言，宇宙中的物质和能量看起来在每个方向上的统计数据都是一致的。这意味着宇宙的各部

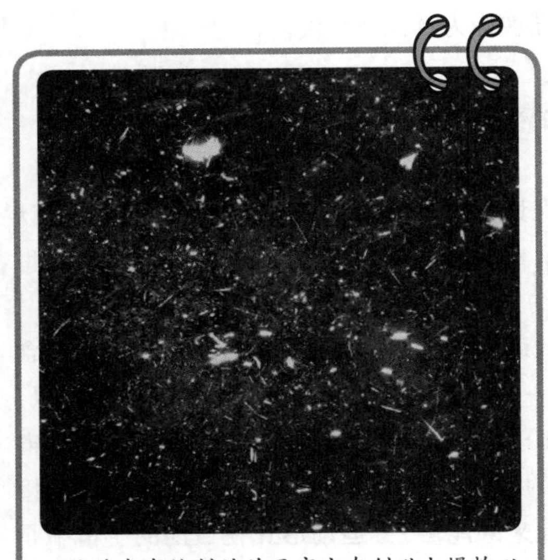

一位艺术家绘制的关于宇宙在创世大爆炸以后快速膨胀的图像。(*iStock*)

分在今天并不是共同拥有一个宇宙视界。换句话说,宇宙中一些本不应该完全相同的部分却不知为什么在很久很久以前拥有共同的宇宙视界。这一现象被称为"视界问题"。其次,宇宙的几何形状明显接近"扁平",然而无法解释为什么会出现这一特殊的几何形状。这一现象被称为"均匀度问题"。

按照目前科学家提出的模式,关于宇宙形成早期的膨胀期存在着"视界问题"和"均匀度问题"。由于超级膨胀的速度非常快,以至于它使一些本来拥有共同宇宙视界的部分空间相互远离。所以,在今天的宇宙中,这些空间虽然不再彼此接近并形成平衡,但是它们在数据方面却完全相同。除此以外,超级膨胀使得所有的空间在几何结构方面出现了"扁平"的特征。虽然这一模式看上去似乎解释了人们针对宇宙的某些观测结果,但是它并没有解释这些现象产生的原因,也没有准确地介绍在那段时期内宇宙的膨胀程度。

创世大爆炸理论的证据

▶ 根据宇宙中天体的运动,有哪些证据可以证明创世大爆炸理论?

不断膨胀的宇宙本身就是一个可靠的观测证据,它说明宇宙的起源正像创世大爆炸理论所描述的那样。如果空间在不停地膨胀,这意味着今天的宇宙要比昨天的宇宙大。与之相类似的是,昨天的宇宙要比上个月的宇宙大,上个月的宇宙要比去年的宇宙大。通过在时间上不停地向后推,我们可以沿着这一趋势一直推算到整个宇宙只是一个点的时候。根据宇宙的膨胀速度,我们计算出整

谁发现了宇宙微波背景？

在20世纪60年代，天文学家阿尔诺·彭齐亚斯（1933— ）和罗伯特·威尔逊（1936— ）在位于新泽西州霍姆戴尔的贝尔实验室进行了研究。他们所使用的望远镜是一个敏感度极高的形状像号角的天线，这根天线最初被用来在无线通信当中接收较弱的微波信号。在试用天线的过程中，彭齐亚斯和威尔逊发现了一种普遍存在的静电，这种静电来自太空的各个方向。他们在研究了4年的跟踪观察数据以后，又仔细核对了在观测期间没有受到任何干扰且没有出现设备失灵的现象。最后，他们得出结论，这种静电的确是存在的，它们来自外层空间的四面八方。在与普林斯顿的天体物理学家们会商以后，他们意识到真的发现了宇宙微波背景。于是，他们在1965年公布了实验结果，这一结果立刻被公认为是证明创世大爆炸理论的科学证据。

个宇宙在大约137亿年以前还只是一个点。

▶ 根据宇宙中物质的本质，有什么证据可以证明创世大爆炸理论？

从质量的角度来看，早期宇宙的化学元素的分布包括75%的氢、25%的氦和微量的较重的其他化学元素。这一特征与“炙热的”大爆炸理论的预言是一致的。产生这种化学元素分布特征的原因在于：宇宙冷却或膨胀所经历的时间非常短（大约为3分钟），然而在这么短的时间内，宇宙中的各种条件足以使亚原子微粒转化为原子核。

▶ 根据宇宙中能量的本质，有什么证据可以证明创世大爆炸理论？

在证明创世大爆炸理论的所有证据当中，恐怕最有说服力的就是微波

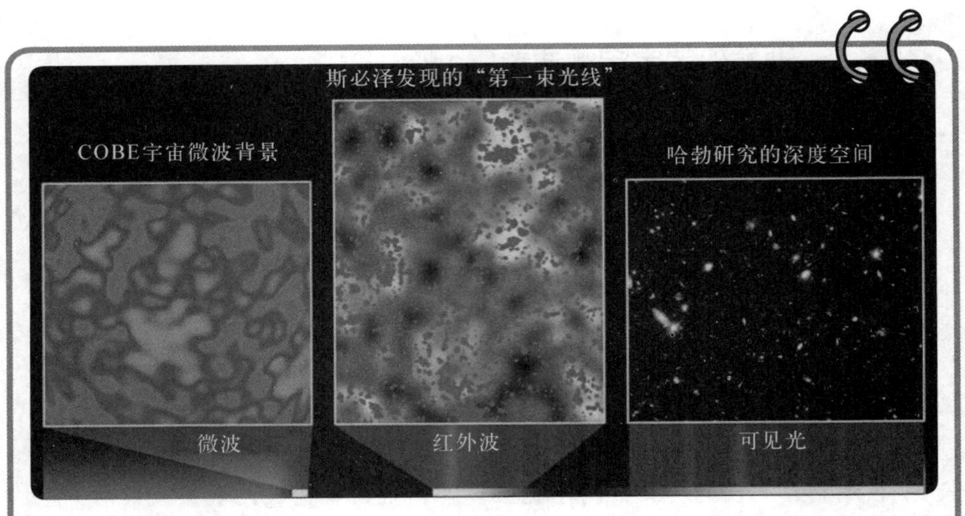

上面的3幅图是当恒星和星系出现在可见光和红外光的光谱内时，天文观测台的观测设备拍摄下来的宇宙图像。在图中我们还可以看到相关的微波背景。天文学家们认为，这些微波背景的存在恰恰证明了创世大爆炸理论。（美国国家航空航天局/美国宇航局喷气推进实验室–加州工学院/亚历山大·卡什林斯基）

背景辐射——炙热的早期宇宙残留下来的能量仍然在每个方向填充宇宙空间或穿越宇宙。科学家们预言，这种背景辐射的存在表明太空的温度将会比绝对零度高几度。由于发现了背景辐射，科学家们最终得以证明：宇宙的温度接近3开尔文（－270.15摄氏度）。这一研究成果是科学界的一次重大胜利。

▶ 关于宇宙微波辐射的哪些后续研究进一步证实了创世大爆炸理论？

1992年，美国国家航空航天局发射了宇宙背景探测器（COBE）卫星。发射这颗卫星的目的是为了研究宇宙微波背景辐射的本质。COBE上的实验仪器证实：彭齐亚斯和威尔逊在1967年发现的辐射几乎可以被看做是对宇宙温度的完美概括。宇宙微波背景辐射的温度大约为2.73开尔文（大约是－454.7℉）。除此以外，经过认真的分析，科学家们发现背景辐射的温度会有细微的波动，这些波动差不多是1开尔文（－457.87℉）的百分之几。它们的存在还证明，在将近

137亿年前，早期宇宙的物质和能量密度也发生过细微的波动。这些波动还使得宇宙从此以后在原始状态的基础上不断进化，最终演变成今天这个样子。原始的宇宙是一个由空间时间构成的核心，其中的质量几乎是平均分布的。而今天的宇宙是一个面积广阔的平面，它不仅变化多端，而且既包括密度较大的空间，也包括密度较小的空间。此外，在今天的宇宙中还零星散布着星系、恒星、行星和更多其他的天体。

宇宙的演变

谁首先证明了宇宙在不断地膨胀？

证明银河系之外还存在其他星系的天文学家还证明了宇宙是在不断地膨胀的，这位科学家就是埃德文·哈勃。他在开拓性地测量出地球到仙女座星系之间的距离以后，继续研究其他的星系。他研究了星系的运动与它们和地球之间距离的联系。他发现，一个星系离我们越远，它远离我们的速度越快。这正说明了宇宙正在不断地膨胀。

什么是哈勃常数？

为了纪念埃德文·哈勃（1889—1953），人们把宇宙膨胀的速度命名为哈勃常数。哈勃常数的最新测量数据约为每100万秒差距每秒73千米。这意味着，当太空中的一个地点距离另一个地点100万秒差距时，那么在没有任何外力和其他影响的前提下，这两个地点会以每小时16万英里（257 496千米）的速度彼此远离对方。

哈勃是如何利用多普勒效应来测量宇宙的？

哈勃通过在望远镜上安装一种叫摄谱仪的仪器，测量了星系的多普勒效应。这里所提到的多普勒效应，是指靠近或远离观测者的天体所发生的颜色移

对于声音而言，多普勒效应是如何起作用的？

多普勒效应是以19世纪的物理学家克里斯琴·约翰·多普勒（1803—1853）的名字命名的。当一个声源靠近或远离一个听众时，多普勒效应就产生了。具体来说，当声源靠近这个听众时，声波的长度就会减少，声波的频率就会增加，声音的调值会相应变高；反之，当声源远离这个听众时，声波的长度就会增加，声波的频率就会减少，声音的调值会相应变低。下一次，当一辆汽车或一列火车从你的身边经过时，注意分别在它靠近和远离你时，倾听它所发出的声音。

动。他把遥远星系发出的光分成若干个组成部分，然后测量了光线的波长向更长的波长范围移动的距离。

对于光线而言，多普勒效应是如何起作用的？

当一个物体释放出光线或任何形式的电磁辐射时，它会靠近另一个物体，此时光线的波长会减少。相反，当这个物体远离时，光线的波长会增加。对于可见光而言，光谱中较蓝的部分拥有较短的波长，光谱中较红的部分拥有较长的波长。所以，如果光源靠近观测者，这时发生的多普勒效应被称为“蓝移”；如果光源远离观测者，这时发生的多普勒效应被称为“红移”。物体运动得越快，“蓝移”或“红移”现象发生得越明显。

谁利用天文光源首先发现了光线多普勒效应？

第一位观测到遥远天体的多普勒移动现象的是维斯托·梅尔文·斯莱弗。1912年，斯莱弗（1875—1969）利用望远镜成像技术研究了星云，这些星云是由大片模糊气体和尘埃构成的。斯莱弗当时认为这些星云位于银河系的内部。令大家颇感意外的是，斯莱弗发现许多大片天体是由恒星构成的，这意味着它们可

哈勃最初提出的宇宙扩张速度与现在哈勃常数的相关数值之间的对应关系是什么?

哈勃最初提出的宇宙扩张速度与现在哈勃常数的相关数值相距甚远,最初的数值比现在的数值约大7倍。尽管如此,哈勃当年使用的测量方法还是具有很强的科学实践意义的。他所得出的结论在今天被称为哈勃定律。和这一定律有关的公式表明:观测者与物体之间的距离与物体远离观测者的速度成正比。由于哈勃发现了宇宙在不断地扩张,今天的天文学家们仍然给予他极高的赞誉。

能是像银河系一样的遥远星系。

1903年,斯莱弗在位于亚利桑那州旗杆镇的罗威尔天文观测台获得了一个职位。在天文学家帕西瓦尔·罗威尔的推荐下,斯莱弗来到了旗杆镇,并开始研究星云。罗威尔认为,这些云彩状的天体结构,特别是具有螺旋形纹理的,很有可能是位于我们星系内部的其他太阳系的起源。斯莱弗的工作是研究这些星云的光谱,从而为进一步仔细分析它们做准备。

在研究仙女星云壮观的光谱时,斯莱弗发现它与任何已知气体的光谱都不一致。相反,它更像星光所产生的光谱。更令人感到惊讶的是,星光的颜色看起来发生了蓝移现象。因此,斯莱弗得出结论:实际上,仙女星云正以每小时大约50万英里(804 672千米)的惊人速度向地球的方向运动。在接下来的若干年里,斯莱弗又分析了其他12个螺旋状星云的光谱。他发现,在这些星云当中,有的正靠近地球,有的正远离地球。除此以外,这些星云的运动速度是相当惊人的,其中最快的速度可以达到每小时250万英里(相当于每秒1 100千米)。他进而得出结论,这些天体根本不是星云,而是由数以百万或数十亿恒星构成的天体系统。由于它们离地球太遥远了,所以它们只能是星系。斯莱弗开拓性的研究成果后来被埃德文·哈勃所证实。哈勃把造父变星作为“标准蜡烛”证明了仙女座中的巨大星云实际上是仙女星系。

▶ 埃德文·哈勃所测量出的宇宙的扩张速度是多少？

埃德文·哈勃最初所测量出的宇宙扩张速度大约为每千秒差距每秒500千米。

▶ 除了宇宙的扩张，还有哪些力量可以使宇宙中的物体发生运动？

除了宇宙扩张的力量以外，在宇宙中唯一可以使行星、恒星和星系发生明显运动的力量就是引力。

▶ 宇宙不断扩张的方向是怎样的？

整个宇宙正在不断地向外扩张。这意味着整个宇宙空间正在膨胀；除非附近的质量产生了引力，太空中的每一个地点都在远离其他的地点。也就是说，我们所处的三维空间不可能由于膨胀进入其他的三维空间内。

为了理解这一道理，大家可以在脑海里想象一个正在不断膨胀的气球。这个气球是由一块富有弹性的胶皮制成的，这块胶皮是弯曲二维的。由于气球的不断膨胀，这块胶皮也在不断地向外扩大。然而，这块胶皮并没有进入另一个二维空间内。相反，由于胶皮的不断膨胀，气球进入了一个三维空间。通过这个例子我们可以看出，由于膨胀作用的产生，在原有维度的基础上又增加了一个额外的维度。当我们把这个道理与宇宙联系起来时，我们便不难理解宇宙为什么是一个四维的空间时间。

黑　洞

▶ 在宇宙中，什么样的物体具有最强的引力？

宇宙中质量最大的物体会产生最强的引力。然而，任何特定物体附近引力场的强度取决于该物体的大小。这个物体越小，引力场的强度越大。黑洞就是由巨大的质量和微小的体积最终复合而成的。

什么是黑洞？

根据关于黑洞的一种定义方法，黑洞是指逃离速度等于或超过光速的物体。这个观点最初是在18世纪被人们提出来的。当时，科学家们作出假设：根据牛顿的万有引力定律，可能存在某些体积很小且质量很大的恒星。面对这些恒星，即使光线的微粒也无法逃脱。所以，这些恒星变成了黑色。

相对论与黑洞有哪些联系？

关于黑洞和较暗恒星的观点是非常有趣的。不过，相关概念在18世纪被人们提出来以后，又经历了1个多世纪才被科学实验加以论证。1919年以后，普通相对论得到了证实。于是，科学家们开始研究引力作为物质所产生的空间弯曲结构到底暗示着什么。物理学家们意识到，宇宙中可能存在某些地点，那里的空间结构发生了严重的弯曲，以至于某些空间结构被“撕开”或被“挤掉”。任何掉入那个地点的物质都无法离开。根据普通相对论，宇宙中存在任何物体都无法逃离的地点，这些地点是光线都无法逃脱的洞穴，科学家们把这种洞穴命名为“黑洞”。

既然天文学家们无法看到黑洞，他们又是如何找到这些黑洞的？

找到黑洞的关键在于这些黑洞具有极强的引力。找到黑洞的一种方法是观测远远高于正常速度运动的物质。通过仔细地观测这些围绕天体运动的物质，然后再应用开普勒第三运动定律，我们就可以在没有看到天体本身的情况下测量出该天体的质量。

即使黑洞本身是暗的，它的深磁场也会在它的附近和周围产生大量的光线。掉入黑洞的物质会遇到大量聚集在黑洞周围的其他物质。流星体或航天器在进入地球大气层以后会变得炙热。同样的道理，掉入黑洞中的物质由于摩擦力的作用也会变热，它们的温度有时会达到几百万摄氏度。炙热的物质会发出强烈的光芒并释放出大量的X射线辐射和无线电波，它们所释放出的X射线辐

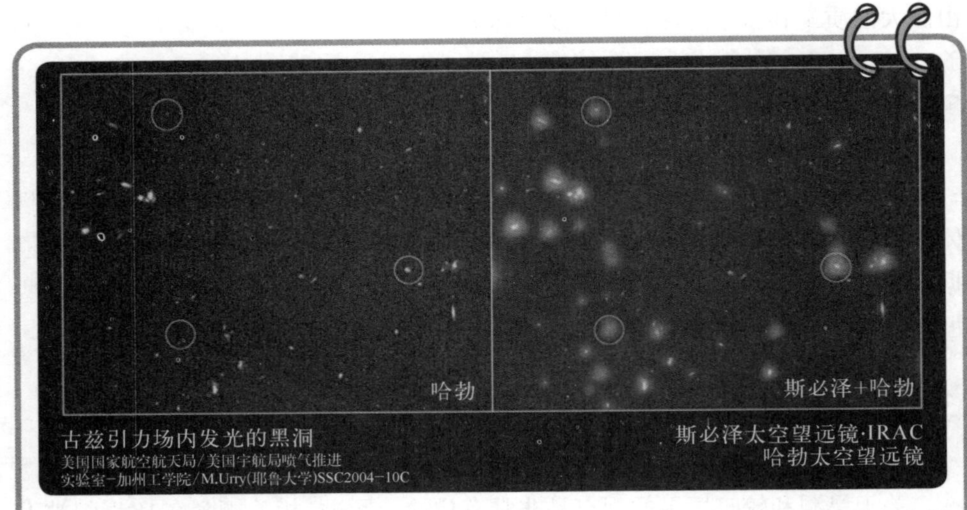

天文学家们可以通过搜寻X射线辐射源来发现黑洞。上面的图像是根据斯必泽太空望远镜和哈勃太空望远镜传回的数据合成的。右面的图像显示出在正常的可见光条件下同一太空区域的情况。（美国国家航空航天局/美国宇航局喷气推进实验室-加州工学院/耶鲁大学）

射和无线电波要远远超过正常宇宙空间所释放出的X射线辐射和无线电波。通过搜寻这些重要的辐射，天文学家们可以在没有看到黑洞的情况下推断出它们的存在。

▶ 宇宙中存在多少种黑洞？

目前人们已知的黑洞有两种。另外，根据科学家们的假设，还存在另外一种黑洞，不过这种黑洞还没有被发现。在已知的两种黑洞当中，有一种黑洞可以被简单地称为恒星黑洞或低质量黑洞。当一颗质量巨大的恒星（质量通常是太阳质量的20倍或更多）的内核发生衰变时，我们就会发现恒星黑洞。另一种黑洞被称为超级巨大黑洞，这种黑洞通常位于星系的中心，它们的质量要比太阳的质量多几百万倍或者几十亿倍。

科学家们假设的第三种黑洞被称为原始黑洞，它们毫无规律地分布在宇宙中。根据科学家们所提出的假说，这些黑洞产生于宇宙膨胀的初期，它们可以被看做是时间空间结构的小“瑕疵”。然而，至今为止，这种黑洞的存在还没有

黑洞真的存在吗？

是的，宇宙间极有可能存在黑洞。天文学家们在对黑洞的特征作出假设以后，在很多年里无法确认黑洞是否真的存在。从20世纪70年代开始，种种天文观测结果表明，黑洞的确存在于星系和宇宙当中。迄今为止，已知的黑洞有成千上万个，而黑洞的实际数量可能会达到几十亿个。

被证实。

黑洞的结构是怎样的？

黑洞的中心被称为奇点，奇点是指空间时间结构中被撕开或挤掉的部分。奇点本身没有体积，但它却拥有无限的密度。令我们感到意外的是，虽然各种物理学规律适用于宇宙中的各种现象，但是它们却不适用于黑洞的奇点。

在奇点的周围有一个边界，这个边界被称为视界。一旦物质到了这个地方，就无法返回，这里的黑洞逃离速度可以达到光速。黑洞的质量越大，奇点离视界越远，黑洞的体积也越大。

存在可以逃离黑洞的事物吗？

根据英国物理学家史蒂芬·霍金的观点，能量可以缓慢地从黑洞中泄露出去。这种泄露被称为“霍金辐射”。“霍金辐射”现象之所以会发生，是由于黑洞的视界并不是一个绝对光滑的平面，而是由于量子动力学效应而形成的亚原子层面上的发光表面。根据量子动力学的理论，空间可以被看做是充满了“虚拟粒子”的地方，这些粒子无法被人们所察觉，但是它们对其他物体产生的效应却能够被人们观测到。这些“虚拟粒子”由“两半”构成，如果某个“虚拟粒子”产生于视界当中，那么其中的“一半”掉入深深的黑洞当中，而另外“一半”则穿过闪闪发光的视界返回到宇宙当中。当然，上述情况发生的可能性是非常小的。

“霍金辐射”会对黑洞产生怎样的影响？

“霍金辐射”是一个非常漫长的过程。例如，一个质量与太阳相当的黑洞，发生在其内部的“霍金辐射”要想对它的体积和质量产生重大的影响力，需要经过几万亿年的时间，而这一时间比宇宙目前的年龄还要长。然而，假以时日，从黑洞视界泄露出的能量的数量也会变得相当巨大。由于物质和能量可以相互直接转换，这意味着黑洞的质量会减少对应的数量。

物理学家史蒂芬·霍金（坐着的那位）参观了位于瑞士日内瓦的欧洲粒子物理研究所的粒子物理实验室。霍金首先提出：黑洞会释放出辐射，在这一过程延续几十亿年以后，黑洞便会彻底地消失。（M. Brice，欧洲粒子物理研究所）

利用相关理论进行计算以后，天文学家们得出结论：一个质量与珠穆朗玛峰相当的黑洞，它的视界会小于原子核。这个黑洞要失去全部的能量，需要花上100亿～200亿年的时间。当它失去全部的能量时，也就意味着它失去了全部的质量，并在“霍金辐射”的作用下回到了宇宙中。在黑洞即将失去最后一点点质量的时刻，一次巨大的爆炸就会形成。随着大量的伽马射线被释放出来，黑洞也彻底地消失了。也许，天文学家们将来有一天会观测到这一天文现象并最终证明“霍金辐射”是一个科学的理论。

当黑洞发生旋转时，会发生什么情况？

当黑洞发生旋转时，视界的形状和结构也会发生改变。当黑洞没有发生旋转时，它的视界是以奇点为中心的标准球状体。而当黑洞发生旋转时，它的视界会变扁，并最终形成厚厚的油饼的形状，这时便形成了一种被称为“能层”的结构。在这个区域内，光束无法逃脱黑洞，而是围绕奇点进行旋转。

如果旋转的黑洞带有电荷，会发生什么情况？

当带电粒子不断地旋转时，电磁场便形成了。由于黑洞在很小的体积内包含了巨大的质量，它的旋转速度会非常快，电荷的密度也会非常大。具备了上面两个条件，就会在宇宙的某个地方形成极强的磁场。

在这种情况下，当物质掉入黑洞中时，它不仅会变得温度极高，而且会受到极强磁场的作用。一方面，许多掉入黑洞的物质将再也不会被观测到；另一方面，一些掉入黑洞的物质将会透过磁场，这些带有强磁力的物质会猛烈地向外喷发。根据黑洞的质量和它所携带电荷的数量，它向外喷发的物质流的速度可以达到或超过光速的99%，该物质流延伸的范围可以达到数千光年至数百万光年。黑洞系统所释放出的这些物质流是宇宙中最剧烈的天体结构运动之一。

黑洞的体积究竟有多大？

位于黑洞中心的奇点并不拥有体积。而黑洞视界（物质无法返回的边界）的体积会随着黑洞质量的改变而改变。黑洞质量与其视界体积之间的数学关系是由德国天体物理学家卡尔·施瓦兹希尔（1873—1916）提出的。为了纪念施瓦兹希尔，黑洞视界的半径被命名为“施瓦兹希尔半径”。

一般来说，一个恒星黑洞的“施瓦兹希尔半径”大约为几百英里，而一个超级巨大黑洞的半径介于几百万英里和几十亿英里之间（例如，太阳和冥王星之

黑洞除了可以借助引力来吸引物质以外还有其他的作用吗？

著名的美国物理学家约翰·阿奇博尔德·惠勒曾经说过：“黑洞本身没有毛发。”这句话意味着：从本质上说，黑洞只具有基本结构，而不像恒星和星系那样拥有复杂的结构。黑洞的基本结构包括质量（重量）、旋转和电荷。

间的平均距离大约为30亿英里（4 828 032 000千米））。如果太阳被挤压成一个黑洞，它的“施瓦兹希尔半径”大约为3英里（4.828 03千米）；如果地球被挤压成一个黑洞，它的“施瓦兹希尔半径”大约为3/4英寸（0.019 05米）。

▶ 银河系中的一些黑洞在什么位置？

表1中列出了银河系中一些已知的黑洞。

表1　银河系中一些已知的黑洞

名　　称	可能相当于太阳质量的倍数	距离地球的光年数
A0620−00	9～13	3 000～4 000
GRO J1655−40	6～6.5	5 000～10 000
XTE J118+480	6.4～7.2	6 000～6 500
Cygnus X−1	7～13	6 000～8 000
GRO J0422+32	3～5	8 000～9 000
GS 2000−25	7～8	8 500～9 000
V404 Cygnus	10～14	10 000
GX 339−4	5～6	15 000
GRS 1124−683	6.5～8.2	17 000
XTE J1550−564	10～11	17 000
XTE J1819−254	10～18	<25 000
4U 1543−475	8～10	24 000
Sagittarius A	3 000 000	银河系的中心

▸ 如果一个人掉入黑洞当中，会发生什么情况？

那要取决于这个黑洞的大小。如果这个人掉入了一个体积很小但密度极高的黑洞当中，极强的引力会从根本上破坏这个人的身体结构。由于这个人的身体正面所承受的加速度要远远大于其背面所承受的加速度,这个人体内的原子结构和分子结构会被拉开。这个不幸的人会像由亚原子微粒构成的粒子流一样飞入黑洞当中。

然而,如果这个人掉入了一个超级巨大但密度极低的黑洞当中,他所面对的引力也不会很大。在这种情况下,黑洞视界附近的相对效应就会显现出来。随着这个人的位置离视界越来越近,他的运动速度会越来越接近光速。同时,他的运动速度越快,他在时间中穿行得越慢。最终,这个人会凝固在时间结构当中,从而永远也不可能到达视界。实际上,为了迎接这个人的到来,视界的范围将会向外延伸。在这一过程中,这个人的身体将从物质转换为能量,并永远地消失在黑洞当中。上述过程遵循了 $E=mc^2$ 的规律。

黑洞的密度究竟有多大?

根据卡尔·施瓦兹希尔提出的关于黑洞视界半径的公式,黑洞的密度在很大程度上取决于它的质量。例如,对于一个质量与地球相当的黑洞而言,它的密度相当于铅的密度的万亿平方的二百多倍;对于一个质量相当于太阳的十亿倍的黑洞而言,它的平均密度比水的密度要低得多。

在将来的某一天,会不会有一个巨型的黑洞将整个宇宙吞噬掉?

不会的。巨型的黑洞将不会吞噬掉整个宇宙。大家一定要记住:黑洞是深深的引力结构,而不是宇宙的“真空吸尘器”。换句话讲,黑洞不会将宇宙中的物质全部吸进去。大家可以想象一下下面的场景:在一个繁忙的都市里有这样一条人行道,人行道的某一段正在进行施工,施工区域内有一个出入下水道的孔口。如果过往的行人掉入其中,也许他再也上不来了。不过,如果行人绕开这个孔口和周围的区域,也就不存在任何危险了。对于宇宙中的黑洞而言,道理是一样的。不管黑洞的质量有多么巨大,它所产生的引力总是有一定

限度的。如果宇宙中的物质位于黑洞引力影响限度之外，它就根本不会受到黑洞的影响。

虫洞和宇宙弦

▶ 什么是虫洞？

根据科学家目前提出的假说，虫洞是拥有两个末端的空间时间结构的不连续部分。众所周知，在空间时间结构中黑洞只有一个奇点。而在空间时间结构中，虫洞可以拥有两个点，其中的一个点可供物质进入，另一个点可供物质出去。

▶ 虫洞真的存在吗？

到目前为止，人类还没有观测到任何虫洞。一些科幻作家喜欢利用“虫洞”

我们可以利用虫洞来超越光速吗？

从数学的角度来说，我们可以利用爱因斯坦提出的普遍相对论的公式制造出一个虫洞，这个虫洞在太空中可以穿越很远的距离。接下来，如果已知的物理规律无法应用于虫洞的研究，那么我们可以从数学的角度进行推理——从虫洞的一端运动到另一端所花费的时间完全可以少于一束光经过同样的距离所花费的时间。然而，这些由人类推出的公式同样表明，任何体积大于显微镜下观测到的微粒物质都无法穿越虫洞，除非被虫洞内部的物理环境所摧毁。

这一概念向人们已知的物理规律提出挑战。例如，他们认为，物体可能会在没有任何明显原因的情况下出现或消失在虚无的空间内。不过，如果真的存在虫洞的话，那么它们可以摧毁任何接近端口的地球上的事物。

什么是宇宙弦？

根据科学家目前提出的假说，宇宙弦是一股巨大且不断颤动的绳索或一个由物质构成的封闭的圆环。它看上去非常像黑洞，但是它更加细长，而黑洞是一个点或球状体。宇宙弦可能是由宇宙早期的引力移动形成的。它们可以被想象为形成于宇宙早期的光滑过渡平面的“皱褶”。它们也可以被形容为宇宙结构的“皱纹”，这些“皱纹”围绕空间时间结构不断地移动。宇宙弦的长度可能达到很多光年，它的宽度可能比人的头发丝还要小得多，然而它所包含的质量可以达到恒星的几十亿平方倍。宇宙弦还有可能携带极强的电流。

宇宙弦真的存在吗？

到目前为止，人类还没有观测到任何宇宙弦。偶尔会有一些天文观测数据向人们提示，人类有可能观测到宇宙弦。但是这些天文观测数据并没有得到进一步证实。也许在宇宙历史的早期，宇宙中确实包含了许多宇宙弦，但是到了今天，它们当中的大部分都已经衰退了。

宇宙弦可以被用来在时间结构中倒行吗？

美国天体物理学家理查德・高特（1938—　）出版了一本描述时空机器的著作，书中所描写的时空机器有可能使用了宇宙弦。在形如果壳的宇宙当中，当穿行于宇宙间的两个笔直的宇宙弦擦肩而过时，位于它们之间的空间时间结构会在引力的作用下发生严重的扭曲。这时，时间会围绕一种奇怪的结构进行运动。如果此时有一个物体恰好沿着同一轨迹进行运动，它在时间结构中的运行轨迹就会呈现出螺旋形，这个物体最终会停留在空间时间结构的一个地点上，而这一地点恰好位于它出发的地点的后方。人类还在继续研究这种“时空机器”存在的理论可能性。不过到目前为止，人类还没有观测到任何宇宙弦。

暗物质和暗能量

什么是暗物质?

20世纪30年代，天文学家弗里兹·扎维奇(1898—1974)注意到，在后发星系团当中，有许多星系正在快速地旋转，它们旋转的速度非常快，以至于它们一定会承受来自星团核心的强大的引力。不然这些星系就会冲出星团。这些星系要想留在星团的内部，就一定拥有相当大的质量，从而保证星团对它们拥有足够的引力。显然，这些星系的质量要远远超过人们在星团当中能够观测到的全部星系的质量总和。多余出来的质量被科学家们称为“暗物质”。

这是一幅经过艺术加工的图像。图中呈现的是斯必泽天文台观测到的一个天体，它的名字叫OGLE-2005-SMC-001。科学家们只能通过分析它周围的光源来发现这个暗天体。这种天体的存在再一次证明了宇宙间的确存在暗物质。(美国国家航空航天局/美国宇航局喷气推进实验室-加州工学院/R. Hurt)

1970年，天文学家薇拉·鲁宾(1928—)和物理学家肯特·福特证明，位于仙女星系内的恒星正在高速地旋转，这说明大量的物质正在包围整个星系并把整个星系封闭起来，这时的星系就像一个巨大的蚕茧。这些物质所发出的光在望远镜下无法被观测到，但是它们所产生的引力却足以被天文观测所捕捉到。因此，这又是一个证明暗物质存在的例子。

经过几十年的深入研究，暗物质已经被证明是某些物质的重要组成部分，这些物质有的位于星系的周围，有的位于星系团的内部，还有的遍布在宇宙当中。根据最新的测算结果，宇宙中大约80%的物质是暗物质。

什么是暗能量？

20世纪初，当阿尔伯特·爱因斯坦、威利姆·德锡特、亚历山大·弗里德曼和乔治-亨利·勒梅特等科学家正在研究宇宙的本质时，爱因斯坦为了寻找宇宙扩张和引力吸引之间的平衡点，在他所提出的公式中引入了一个数学概念，这个概念被称为“宇宙常数”，它看上去代表了一种由宇宙自身发散的且无法被观测到的能量。

当埃德文·哈勃和其他天文学家证明了宇宙正在向外扩张这一情况以后，“宇宙常数”这一概念看上去已经失去了存在的意义。直到几十年以后，这一概念才又一次被科学家们认真地研究。20世纪90年代，一系列的发现表明，“宇宙常数”所代表的“暗能量”是确实存在的。目前的测算结果表明，在宇宙中，暗能量的密度要远远超过物质的密度。我们这里所提到的物质既包括那些发光的物质，又包括那些暗物质。

虽然天文学家们已经测算出这种暗能量的存在，但是他们还不知道暗能量的起源和构成。如何在普遍意义上理解“宇宙常数”并在特殊意义上理解“暗能量”，是今天天文学界尚未解决的重大问题之一。

暗能量是由什么构成的？

没有人知道暗能量究竟是什么。科学界针对这个问题存在不同的猜想，有人认为它们是一种相互间引力很弱的巨星粒子（WIMPs），或者是它们的巨型结块（WIMPzillas）；还有人认为它们是一种带电的无差别巨型粒子（CHUMPs），或者是非常轻的中性亚原子微粒，也就是“中性子”。不过到目前为止，科学家们还没有发现任何暗物质微粒。或者上面提到的关于“暗能量”的种种可能性只不过是一些科学猜想而已。

暗物质如何影响宇宙的形状？

存在于不断膨胀的宇宙当中的暗物质会产生一种引力。宇宙中的暗物

质越多，宇宙越有可能拥有封闭的几何形状，宇宙也越有可能最终经历“大坍缩”。

暗能量如何影响宇宙的形状？

暗能量会帮助宇宙向外膨胀，所以它实际上产生了引力的反作用力。根据天文学家的观点，如果宇宙中的暗能量的数量与宇宙空间的数量成比例，宇宙的不断膨胀意味着暗能量的总量在不断地增加。由于宇宙的总质量并没有增加，这意味着暗能量的膨胀效应最终会克服暗物质的反作用力。暗能量的数量越多，宇宙的几何形状将会越开放，宇宙的膨胀速度也会随着时间的推移变得越来越快。

天文学家们如何来确定宇宙的物质密度和能量密度？

根据对遥远宇宙中的暗物质和发光物质的引力效应的测量结果，天文学家们测算出Ω（也就是$\Omega_{DM}+\Omega_{B}$）的数值大约为0.3。同时，通过对遥远的造父变星和Ⅰa型超新星的仔细观测，天文学家们得出结论：宇宙的膨胀速度在加快。这也意味着λ的数值大于0。最后，天文学家们经过对宇宙微波背景的仔细研究，进一步确认了宇宙的几何形状是扁的，也就是$\Omega+\lambda=1$。这些测量数据的精确度已经达到小数点以后两位。根据目前的测量结果，$\Omega=0.27$，$\lambda=0.73$。如果这些测量数据是准确的，那么我们的宇宙将注定会永远膨胀下去，它将不会经历“大坍缩”。

天文学家们如何来描述宇宙中的物质聚合？

天文学家们利用大写希腊字母“欧米伽”（Ω）来代表宇宙中的物质聚合，也就是物质的密度。有时，天文学家们在Ω的下方加一个下标M来特指物质的聚合。在其他情况下，天文学家们会使用DM和B这两个下标来区分暗物质的聚合（Ω_{DM}）和非暗物质的聚合（Ω_B）。

如果暗能量并不存在，那么宇宙间物质的密度就足以决定宇宙的几何形状和最终命运。那样，就会存在3种可能性。首先，如果$\Omega>1$，那么宇宙将拥有闭合的几何形状并最终经历“大坍缩”而衰退；其次，如果$\Omega=1$，那么宇宙将拥有扁的几何形状并永远膨胀下去；再次，如果$\Omega<1$，那么宇宙将拥有开放的几何形状并永远膨胀下去。

天文学家们如何来描述宇宙中的暗能量聚合?

天文学家们利用大写希腊字母“拉姆达”（λ）来代表宇宙中的暗能量的聚合，也就是暗能量的密度。有时，由于暗能量也会影响宇宙的几何形状，所以暗能量密度也可以用一个带下标的“欧米伽”符号来表示（Ω_λ）。

如果暗能量真的存在的话，那么宇宙中的物质密度和能量密度的复合效应将会决定宇宙的几何形状。所以，如果（$\Omega+\lambda$），即（$\Omega_\lambda+\Omega_M$）小于1，那么宇宙的

宇宙中的各种力量在过去是同一种力量吗?

根据目前的理论，宇宙中有4种基本力量，它们分别是：引力、电磁场、强核力和弱核力。每一种力量拥有不同的表现形式。同时，它们与物质发生相互作用的形式也不同。然而，在创世大爆炸发生以后的一秒钟之内，物质和能量的存在形式与它们在今天的存在形式是完全不同的。所以，那时宇宙间的力量与今天宇宙间的力量也极有可能是完全不同的。如果曾经存在一种力量，它以同样的方式作用于每个事物。那么，一旦这种力量被拆分成若干个组成部分，早期的宇宙将会拥有极强的电荷和极高的能量，宇宙的超级膨胀期也获取了必备的能量。在宇宙膨胀理论模式下，超级膨胀期是一个关键的概念。

几何形状将是开放的；反之，如果这一数值大于1，那么宇宙的几何形状将是闭合的；另外，如果这一数值等于1，那么宇宙的几何形状将是扁的。

多维度理论

是什么导致了宇宙的超级膨胀？

没有人知道为什么在宇宙形成的早期会发生超级膨胀现象。有一种可能性是这样的：随着宇宙年龄的增加，它开始渐渐地冷却下来。宇宙中的基本力量开始相互分开，其中的某一个拆分过程产生了大量的能量并最终引发了宇宙的膨胀。

什么是自发对称性破坏？

自发对称性破坏是一种物理现象，它意味着某个平衡的事物将永远地失去平衡。大家可以在脑海中想象一个位于山顶的球体，它目前完全处于平衡状态。此时，如果这个球体突然滚到山脚下，整个系统将会失去平衡。由于这个球体将不可能自己滚上山，这个系统将永远处于不平衡的状态。一提到对称，我们当中的绝大多数人会想起折纸游戏。从更普遍的角度来看，对称可以被看做是衡量系统有序性和复杂性的标准，水晶就是一个典型的例子。

根据理论宇宙学家的假设，宇宙中的基本力量是以自发对称性破坏的形式彼此分离的。如果创世大爆炸结束以后在宇宙间存在一种单一的力量，这种力量具有某种“对称性”，那么一旦这种“对称性”被打破，这种单一的力量也会被拆分成不同的力量，于是便形成了几种基本力量。同时，大量的储存能量会被释放出来，从而引发了早期宇宙的超级膨胀扩张和其他活动。

什么叫超级对称性？

超级对称性是科学家们在研究宇宙运行规律时所假设的某种理论模式的

一部分。它解释了宇宙是如何一步一步演变到今天这个状态的。同时，它向人们暗示了宇宙在单一对称框架下是一个统一体。针对超级对称模式，科学家们提出了这样的预言：宇宙中的每种基本粒子都拥有对称的伙伴粒子或“超对称粒子”，但是这些粒子不容易被观测到。到目前为止，科学家们还没有发现任何“超对称粒子”。由于种种原因，宇宙的超级对称性还没有被证实。

宇宙中怎么可能存在10个维度或11个维度？

有一种假设的宇宙模式可以解释宇宙中为什么会存在这么多的维度，这种理论被称为“紧化”。大家可以在脑海中想象一下位于浩瀚平原上的油井或天然气管线，当一个人站在它的旁边时，显然它拥有长度、深度和高度3个维度；当这个人远离它几英尺时，管线看上去越来越像只拥有长度和高度；如果这个人向更远的方位移动，管线看上去好像只拥有1个维度，即长度。这时，从某种意义上说，在管线的3个维度当中，已经有2个维度被“紧化”了。实际上，这2个维度依然存在，只不过由于它们太小以至于人们无法观测到它们。这个原理同样可以用来解释超出空间和时间范围的其他维度。在历史上，这种观念已经存在几十年了。然而，科学家们可能还无法证明其他维度的存在。要观测到宇宙中的“紧化”现象，科学家们必须能够观测到大小小于“普朗克长度”的天体。

▶ 什么是“统一场理论”？

一些科学家认为，可能存在这样一种理论，该理论可以将宇宙中所有的物理规律都涵盖进去。有一位著名的科学家研究了“统一场理论”，他不是别人，正是阿尔伯特·爱因斯坦。然而，他终究没能创建这样一种理论。不过，他为后人在本领域内所进行的研究奠定了坚实的基础。“统一场理论”的许多观点很有

新意，但是它们过于复杂，因而还处于科学研究的初期。

▶ 在“万有理论”当中，目前科学家们正在研究的最著名领域是什么？

目前，有一种著名的假设宇宙模式，它试图把宇宙中所有事物的活动都涵盖进去，这种理论模式被称为“弦理论”。它的基本观点是，宇宙中的粒子是一种多维结构的组成部分，这种多维结构被称为“弦”，宇宙中的这些粒子都具有四维结构。在这种理论模式下，当宇宙中的粒子发生相互作用时，它们实际上在很多个维度上发生了相互作用。所以，即使它们看上去像一些全新的粒子，实际上它们只不过是同一“弦结构”的不同“振动模式”。

▶ 根据“弦理论”，在宇宙中究竟有多少个维度？

目前，根据最为普遍接受的“弦理论”，宇宙中有11个维度。这个拥有11

科学家们如何来证明这些理论是正确的？

这的确是今天的科学家们在进行宇宙学理论研究时所面对的一个巨大障碍。科学家们已经提出了一些用来证明宇宙论假说的实验方案，但是由于目前技术条件的限制，这些实验还无法完成。例如，在“膜理论”当中有这样一种观点：当一颗质量巨大的恒星在超新星内部发生爆炸时，一些能量可能会从宇宙中逃逸出去，并“泄漏”到一块“膜”的上面。这些能量相当于它的1%能量的一部分。但是，超新星是极为罕见的。在我们的银河系当中，大约每100年超新星才会出现一次。所以，利用我们现有的天文望远镜和其他天文观测设备，还无法比较精确地测算出超新星所释放出的能量总和。

个维度的“超级对称的庞然大物”可以产生并容纳大量拥有10个维度的“弦结构”,这些“弦结构”会相互作用并在宇宙中产生四维结构。

什么叫“膜”?

“膜”的英文拼写是“membrane”,其简写形式为“brane”。“膜”是一种多维结构,它存在于上文所提到的“超级对称的庞然大物”当中,它们就好比是在浩瀚的海洋当中四处漂浮并旋转的巨大水母。这些“水母”会相互发生碰撞并有可能释放或交换大量的能量。采用了“膜”这一概念的宇宙理论模式被称为“膜理论”或“M理论”。“膜”的种类很多,它们分别被命名为“m膜”“n膜”和“p膜”。

根据“膜理论”,宇宙位于什么地方?

根据科学家们提出的假设,我们可以想象这样两个“膜”,它们拥有五维结构,它们在一个或更多的维度上相互压缩。这些“膜”的多维交界面可能是一个点,一条线,一个平面或一个四维的空间时间结构。那么,自然会形成这样一个观点:宇宙这个空间时间结构之所以存在,是由于两个“膜”发生了交叉,并引起了空间的膨胀和时间的开始。两个“膜”发生交叉的瞬间就是创世大爆炸发生的瞬间,或者说宇宙位于两个“膜”的交界面上。

对最小微粒问题的研究如何帮助科学家们解开关于宇宙起源的谜团?

在研究创世大爆炸和宇宙起源的过程中,有一个重要的领域被称为粒子物理学。科学家们在巨大的粒子加速器当中制造并研究了一些亚原子微粒。这些微粒虽然体积最小,但是却拥有最大的能量。科学家们通过研究它们,可以大致地了解到早期宇宙中的物理状态。例如,科学家们可以让一些以99%的光速或更快的速度高速运转的原子核发生碰撞,然后观察在碰撞后的残骸当中产生了什么样的物质。

宇宙的结束之日

▶ 宇宙的形状为什么是一个重要的问题?

宇宙的形状会影响到宇宙的最终命运。宇宙目前处于不断地膨胀当中。如果宇宙的几何形状是闭合的,这一膨胀过程将逐渐趋缓并最终停止,然后演变成收缩的过程并产生“大坍缩”现象。这时,宇宙最终成为一个体积超级小但温度超级高的点。上述过程与创世大爆炸的过程正好是截然相反的。如果宇宙的几何形状是扁的或开放的,宇宙将极有可能永远膨胀下去。

▶ 目前,关于宇宙命运的预期是怎样的?

根据目前的观测结果,宇宙的几何形状是扁的。同时,在宇宙中存在大量的暗物质。实际上,在宇宙中有73%的物质是暗物质,即 $\lambda=0.73$。随着宇宙的不断膨胀,宇宙中会出现越来越多的暗物质。总之,宇宙的膨胀速度在加快,我们生活在一个加速运转的宇宙当中。

▶ 宇宙的命运将来会终结吗?

在这里,当我们提到“终结”一词时,我们是指时间将会停下来,而且宇宙将会不再存在。所以,宇宙的命运将不会终结。在经过很长一段时间以后,宇宙将会进入一个相对稳定的时期。在这一时期里,几乎任何天文事件都不会发生,所有的物质将会没有任何形状并处于杂乱无章的状态;所有的能量将会分布得非常稀疏,以至于不会发生任何大规模的物质相互作用,无论是在亚原子微粒之间还是在其他物质之间。所以,从某种意义上说,宇宙的命运也将会经历某种“终结”。只不过从本质上说,这种“终结”既不是剧烈的,也不是最终的,而是一个包含寒冷、黑暗和虚无的无限长的时期。

▶ 科学家们认为宇宙中的物质和能量最终将会经历怎样的变化？

宇宙膨胀速度的加快会使宇宙中的所有物质间的距离更远。最终，引力将再也无法克服膨胀的力量，新的更大的物质结构也无法产生。一些测算结果甚至暗示：在几十亿年以后，我们将再也无法观测到遥远的星系了。到那时，宇宙中的恒星将会在燃烧的过程中耗尽它们的原材料，宇宙中会到处都是恒星的残骸。绝大多数这些残骸会成为白矮星或中子星。如果目前的观念和粒子物理学理论是正确的，到那时，宇宙中所有其他包含重子的物质都会经历质子的衰变和分解。此外，宇宙中的黑洞会释放出“霍金辐射”并最终完全挥发。

▶ 宇宙最终在什么时候会“死亡”？

如果目前的理论是正确的，那么所有的恒星会在100万兆年以后燃烧耗尽；所有的质子会在更多年以后发生衰变，具体的年数是100万乘以兆的立方，而所有的黑洞，包括质量最大的黑洞在内，都会在很多很多年以后挥发掉，而这一年数相当于100万乘以兆的8次方。换句话说，按照人们目前的估计，在10^{100}（“古戈尔”）年以后，宇宙就会“死亡”。在这一计算过程中，我们是把100作为因数。

三 星系

基础知识

什么是星系?

星系是由恒星、气体、尘埃和暗物质共同构成的巨大集合体，星系还是宇宙中的一个内在引力单位。从某种意义上说，星系对宇宙的作用就相当于细胞对人体的作用。每个星系都有自己的特性。随着年龄的增长，所有的星系都在不断地演变。同时，这些星系会同宇宙中的其他星系发生相互作用。星系的种类很多，地球所在的星系被称为银河系。

在宇宙中一共有多少个星系?

由于光速的限度和宇宙年龄的限制，我们只能观测到一定范围内的宇宙，这一范围被称为宇宙视野，它是指在每个方向上的137亿光年的距离。据估计，仅仅在可观测到的宇宙范围内，就存在500亿～1 000亿个星系。

星系有哪些种类?

根据外表，星系可以被分为三大类，即螺旋星系、椭圆星系和不规则星系。这些星系又可以被细分为其他的种类。例如，棒旋星系和宏象旋涡星系；巨椭圆星系和矮球状星系；麦哲伦不规则星云和麦哲伦特殊星云。

除了根据外表进行分类，人们还可以根据星系的特征对其加以分类。这时，星系可以分为星爆星系、融合星系、活跃星系和无线电星系等。

星系是被如何分类和排序的？

20世纪20年代，天文学家埃德文·哈勃提出了根据形状对星系进行分类的方法。哈勃不仅是一位具有开拓意识的天文学家，而且还将自己毕生的经历都致力于星系研究。他提出了星系分类的排序方法，即从E0（球形椭圆星系）—E7（雪茄形椭圆星系），从S0（透镜状星系）—Sa和SBa（具有较大的凸起部分和棒形结构的螺旋星系）、Sb和SBb（具有中等规模的凸起部分和棒形结构的螺旋星系）、Sc和SBc（具有较小的凸起部分和棒形结构的螺旋星系）。这

螺旋星系NGC 4414。（美国国家航空航天局、哈勃望远镜珍藏小组、空间望远镜科学研究院、大学天文研究协会）

一排序方法被称为“哈勃顺序”，在哈勃绘制的“音叉图”中，我们可以清晰地看到这一顺序。

▶ 什么是椭圆星系？

椭圆星系是指在我们的视野里恰巧呈现出椭圆形的星系。然而，这些椭圆星系在圆度和扁度方面是大不一样的。所以，它们的形状从标准的球状体可以一直变化到长长的雪茄形。科学家们根据目前的观测数据和理论模式提出：具有三维形状的螺旋星系应该拥有3个旋转轴。换句话说，它们具有截然不同的长度、宽度和高度。因此，椭圆星系可以呈现出巨大的棒球形、橄榄球形、鸵鸟蛋形、咳嗽糖形以及介于其间的各种形状。

▶ 什么是螺旋星系？

螺旋星系看上去拥有漩涡状结构，这种结构也被称为悬臂，它们由明亮的恒星构成。正如实际情况证明的，这些螺线状悬臂并不是固体结构，而是螺线状的密度波。这些密度波是位于由气体和尘埃构成的盘状物中的脊状物，它们的密度要高于周围的区域。在螺旋星系的核心部分有一些椭圆球状的凸起区域，在这些区域内布满了恒星。同时，一个由旋转的气体构成的薄薄的盘状物分布在凸起区域的周围。此外，一个稀薄的恒星光环将上面提到的盘状物和凸起区域紧紧地封闭起来。

▶ 什么是棒旋星系？

一些螺旋星系的螺线状悬臂并不位于它的中心区域，而是距离中心区域有一定的距离。这些星系的凸起部分实际上是延长了的棒形结构，它们是由数十亿颗恒星构成的。这种螺旋星系被称为棒旋星系。

▶ 什么是透镜状星系？

透镜状星系是具有透镜形状的星系。它们既包括了椭圆星系的主要组成

NGC 4650A是特殊星系的一个典型例子。它是两个星系相互发生碰撞的产物。在这个令人感到惊讶的实例当中,最终形成了一个“极环星系”。这种星系之所以被这样命名,是由于看上去一个星系穿越了由另一个星系构成的环状物。(美国国家航空航天局、哈勃望远镜珍藏小组、空间望远镜科学研究院、大学天文研究协会 *ODRing Around a Galaxy*)

部分，又包括了螺旋星系的主要组成部分。它们既可以被看做是外边缘的周围带有盘状物的椭圆星系，又可以被看做是带有巨大的凸起部分且几乎没有螺线状悬臂结构的螺旋星系。一个非常明显的可观测到的透镜状星系是一个被叫做“梅西耶104”的天体，这个天体的绰号是“墨西哥帽”。

什么是不规则星系？

不规则星系不属于椭圆星系、螺旋星系和棒旋星系中的任何一种标准星系。人们在南半球可以观测到的大麦哲伦星云和小麦哲伦星云就是两个典型的例子。不规则星系可以拥有螺旋形结构或椭圆形结构，但它同时还可能拥有其他组成部分，例如由恒星和气体构成的纤细的尾部。

什么是特殊星系？

特殊星系可以被归类为椭圆星系或螺旋星系，只不过它们往往具有某些特殊之处。这些特殊的特征包括由恒星构成的长长的尾巴、形状特殊的盘状物或者另外一个凸起的部分。此外，特殊星系甚至有可能与其他的某个星系发生重叠或碰撞。许多特殊星系看上去的确很特殊，这是因为它们正在与其他的星系发生碰撞、相互作用或相互融合。

为什么星系会拥有各种不同的形状？

最初，埃德文·哈勃在他所创制的音叉图中提出了下面的假说：随着星系年龄的增长，它们的变化会遵循一定的顺序。具体说来，所有的星系最初都是椭圆形的，接下来由于长时间的旋转，它们的形状会变扁。然而，这一观点最终没有被证实。

现代计算机模拟和数学计算的结果显示，所有的星系都是由更小的块状物质构成的。这些物质聚集在一起并形成了一个单一的引力单位。如果一些体积较小的块状物质聚集在一起，往往会形成螺旋星系。如果一些体积较大的块状物质最终聚集在一起，就会形成椭圆星系。这种星系形状的形成模式从整体上来看是正确的，不过其中的一些细节仍需要我们进一步来研究，从而使整个

各种星系如何保持自身的螺旋形或椭圆形的形状?

星系中的恒星运动和气体运动决定了星系保持自身形状的方法。对于椭圆星系而言,恒星的运动方向是毫无规律的,从而形成了形状不一的运行轨道,这就好比一群蜜蜂在围绕一个中心点进行飞行。对于螺旋星系而言,恒星一定会在接近正圆的稳定轨道内围绕某一个点进行飞行,所以会呈现出一个薄薄的规则盘状物。如果这一有规律的运动由于其他星系的碰撞等原因被破坏了,那么盘状物的形状也将被破坏。如果这种破坏是永久的,那么星系原有的形状往往被一种杂乱无章的椭圆形所代替。

理论更加连贯。

星系究竟有多大?

不同的星系会拥有不同的体积和质量。最小的星系包含1 000万～1亿颗恒星;而最大的星系包含几万亿颗恒星。体积较小的星系要多于体积较大的星系。在银河系中至少有1 000亿颗恒星。银河系应该是最大的星系之一,它的盘状物直径大约为10万光年。

什么是矮星系?

正如名字所暗示的,矮星系的质量最小,它们所拥有的恒星最少。围绕银河系运行的大麦哲伦星云被认为是一个体积较大的矮星系,它至多包含10亿颗恒星。与许多体积更大的星系一样,矮星系也呈现出不同的形状,如椭圆形、球形或不规则形。

星系在宇宙中是如何分布的?

观测结果表明，星系在宇宙中的分布是不均匀的。所有星系之间的距离并不相同。实际上，绝大多数的星系分布在距离我们几百万光年的灯丝状结构或片状结构上。连接这些灯丝状结构和片状结构的地方被叫做星系的密度交点，它们是由普通块状物质和超级块状物质构成的。经过连接以后，宇宙中就形成了三维网状物质分布，人们把它称为“宇宙网”。由于位于灯丝状结构和片状结构之间的浩瀚空间分布着较少的星系，所以这一区域被人们称为“空旷地”。

为什么宇宙中的星系成网状分布，而不是完全随意地分布?

理论计算结果表明：在几十亿年的时间里，由于受到引力所产生的相互作用的影响，宇宙中那些具有一定质量的网状结构会不断地演化。这一切存在的前提是：在距今大约137亿年的早期宇宙中，能量和物质的分布出现了小幅的波动。计算天体物理学家创制了关于宇宙最初物质分布的详细模型，这其中也包括模仿在宇宙微波背景中观测到的波动现象。然后，他们让这个模型快速穿过时间结构，以便观察几十亿年以后物质分布所发生的变化。通过这一模型计算出来的结果在各项数据方面与目前的宇宙极为相似。

什么是星系群?

星系群通常包括两个或更多个与银河系相当的星系。此外，它们还会包括几个更小的星系。银河系和仙女星系是本星系群中较大的两个星系。在这个星系群中，还包括几个较小的星系，如麦哲伦星云、矮椭圆星系梅西耶32、小螺旋星系梅西耶33和许多较小的矮星系。本星系群的直径为几百万光年。

在宇宙形成的早期，星系之间的碰撞非常频繁，许多质量巨大的星系极有可能就是在这一时期形成的。在这幅经过艺术加工的图像当中，我们可以看到一个由大量尘埃构成的超级巨大的星系正从中心黑洞当中释放出无线电粒子流。（美国国家航空航天局/美国宇航局喷气推进实验室-加州工学院/T. Pyle）

什么是星团？

星团是在一个引力场内所聚集的大量星系的集合。较大的星团至少会包括12个与银河系相当的星系和数百个体积较小的星系。在较大的星团的中心区域，通常会有一个被叫做“cD”的椭圆星系。星团的直径通常大约为1 000万光年。银河系位于室女座星团的附近，而室女座星团位于室女座超级星团的核心区域的附近。

什么是超级星团?

超级星团是由质量巨大的天体结构构成的最大集合体。在宇宙中，它们往往会出现在大量灯丝状物质结构的交点处。它们的直径可以达到1亿光年或超过1亿光年。有的超级星团包括了许多星团，还有的星团在其核心区域内有一个非常巨大的星团，同时在它的核心引力场里还聚集着大量其他的星团。超级星团可能包括成千上万个，甚至几百万个星系。银河系位于室女座超级星团的边缘区域内。

什么是视场星系?

视场星系是指周围完全没有或几乎没有其他星系的星系。许多视场星系实际上是体积较小的星团的组成部分。但是，视场星系不可能是体积较大的丰富星团的组成部分。天文学家们认为，宇宙中绝大多数的星系（大约90%的星系）是视场星系。

什么样的星系最为普遍?

那要取决于星系的存在环境。在众多的视场星系和集团星系当中，螺旋星

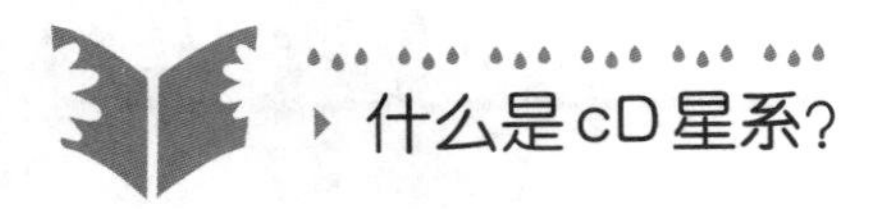

“cD”是英文“central dominant”的简写形式。cD星系是指出现在丰富星团核心区域内的巨大的椭圆星系。天文学家们认为它们是由众多体积较小的星系相互碰撞而形成的。cD星系的体积一般较大，位于室女座核心区域内的cD星系比银河系的质量大许多倍，它们的内部都包含了1万亿颗恒星。

系要比椭圆星系更为普遍。而在体积较大的丰富星团当中，情况正相反。更为有趣的是，我们在研究宇宙发展的历史时，研究的时期越久远，我们所发现的不规则星系和特殊星系就越普遍。在宇宙发展的全过程当中，光线暗淡的矮星系的数量要远远超过体积较大的发光星系的数量。银河系是体积较大的发光星系的典型代表。

著名的星系有哪些？

表2中所列出的星系被天文学家和天文爱好者们认为是比较著名的星系。

表2　著名的星系

通用的名称	在星表中的名字	星系类型
仙女座星系	梅西耶 31	螺旋星系
“触角”星系	NGC 4038/4039	相互作用的星系
车轮星系	ESO 350-40	螺旋环
半人马座A	NGC 5128	椭圆星系
Flagellan	G 515	特殊椭圆星系
梅西耶49	NGC 4472	椭圆星系
梅西耶61	NGC 4303	棒旋星系
梅西耶 87	NGC 4486	椭圆星系
Mice	NGC 4676	相互作用的星系
NGC 1300	ESO 547-31	棒旋星系
风车星系	梅西耶101	螺旋星系
草帽星系	梅西耶104	透镜状星系
南天风车星系	梅西耶83	螺旋星系
三角座星系	梅西耶33	螺旋星系
旋涡星系	梅西耶51	螺旋星系

银　河　系

▶ 什么是银河系？

人类目前就生活在银河系当中。银河系包括太阳和其他至少1亿颗恒星。一些当代天文学的测算结果显示，银河系中可能有5亿颗恒星。银河系的质量要超过太阳的10亿倍，它是由四处漂浮的星际云层构成的。在这些云层当中包含了大量的气体和尘埃及星团。这些星团所包含的恒星数量介于几百和几百万之间。

▶ 银河系属于哪一类星系？

对于我们来说，要想彻底地了解银河系的形状，就好比一条小鱼想要知道海洋的形状一样无法实现。不过，根据目前的观测结果和计算结果，银河系看上去是一个棒旋星系。在哈勃提出的音叉表中，银河系极有可能被归类为SBb型或SBc型星系。

▶ 银河系究竟位于宇宙的什么位置？

银河系位于室女座超级星团的边缘区域内。室女座星团的核心区域距离银河系大约5千万光年，这里是室女座超级星团中最大的质量集合区域。从更广义的角度来看，银河系位于可观测宇宙的核心区域。然而，从最大天体的角度来看，银河系当然毫无特殊之处。实际上，银河系中的每一个点都在不断膨胀的过程中彼此远离，宇宙中的每一个天体都位于相对于自身的可观测宇宙的中心。

▶ 在银河系的内部，地球的位置在什么地方？

地球围绕太阳运行，而太阳位于猎户座悬臂区域内，猎户座悬臂是银河系的4个螺旋状悬臂之一。虽然银河系和其他星系的螺旋状悬臂并不是固体结

在夜晚，当我们在没有云层遮挡或污染较轻的地区观测夜空时，银河系仿佛就像一缕横贯夜空的乳白色的光线。(*iStock*)

为什么英语中把我们所在的星系称为“乳白色的路”？

棒旋星系是由一个盘状物和一个棒形的凸起区域构成的，在盘状物中包含了绝大多数的恒星。凸起区域位于棒旋星系的中心，那里也聚集了大量的恒星。在地球上观测到的夜空中，这个星系的盘状物覆盖了整个夜空，它的宽度与伸开的手臂大致相当。当一个人用肉眼仰望夜空时，银河系就像一条布满繁星的溪流横跨整个夜空，这条溪流是由无数的光线构成的。中国古代的天文学家把这条银色的光带叫做“银河”。而古希腊和古罗马的天文学家把它称为一条“用牛奶铺成的路”，当人们把这种叫法译成英文时，便出现了“乳白色的路”这种说法。当天文学家们意识到我们就生活在这个星系里时，“乳白色的路”便不再仅仅指这条由恒星构成的光带，而是被用来描述整个星系。

构，但是由于这些星系的体积非常巨大，所以它们会释放出可以延续几百万年的密度波。因此，我们可以说在宇宙历史的这段时期内我们位于某个星系的悬臂区域内。地球和太阳距离银河系的中心区域大约2.5万光年。

在这幅经过艺术加工的图像当中，我们可以清晰地看到银河系这个棒旋星系。同时，我们还可以看到太阳在银河系中的位置。（美国国家航空航天局/美国宇航局喷气推进实验室－加州工学院/R. Hurt）

▶ 银河系究竟有多大？

目前的测算结果显示：由恒星构成的银河系的盘状物拥有大约10万光年的直径和1 000光年的厚度。如果把银河系的盘状物比喻成一个巨大的比萨饼，那么太阳系就是在显微镜下才能看到的一点点牛至，而且还位于中心区域与外壳边缘连线的中点处。银河系的棒状凸起区域拥有大约3 000光年的高度和大致1万光年的长度。

如果考虑到银河系中所包含的暗物质，它的体积会明显增加。根据目前的测算结果，在银河系引力场中至少有90%的质量是由暗物质构成的。所以，银河系中的发光恒星以及气体和尘埃都嵌入了一个巨大的近球形光环的中心，这个光环是由暗物质构成的，它的直径为100多万光年。

▶ 地球在银河系中运动得有多快？

地球（和太阳系）在银河系的盘状物区域围绕银河系的核心区域不停地运转，它们的近圆形运行轨道是非常稳定的。最近的天文测算结果表明，地球围绕银河系核心运行的速度大约为每小时45万英里（每秒200千米）。这一速度差不多相当于绝大多数喷气式客机的飞行速度的1 000倍。即使这样，由于银河系非常广阔，所以地球围绕完整的银河系运行一周大约需要2亿5千万年。

我们可以看到整个的银河系吗？

我们在夜空中看见的每一颗星星，和太阳及太阳系中的其他天体一样，都是银河系的组成部分。在夜晚，当一个人远离都市的灯光，而此时的时间恰好适合进行天文观测时，他就可以观测到最原始的“银河系”，这个“银河系”是从直立的角度观测到的，它实际上是我们所处的星系的盘状物区域。实际上，我们在地球上无法观测到银河系的绝大多数区域，这主要是由于由尘埃和气体构成的云层对银河系发出的绝大多数光线产生了散射和阻挡作用，所以这些光线无法到达地球的表面。当然，当我们使用红外线、微波和无线电天文观测技术时，就有可能穿透大部分的星际气体。不过，总的来看，在银河系中至少有一半的恒星和气体是我们无法观测到的。

对银河系进行的早期研究包括哪些？

在17世纪初，伽利略·伽利莱首先利用天文望远镜对银河系进行了观测。他发现银河系中的光带是由许许多多看上去非常接近的光线暗淡的恒星构成的。早在1755年的时候，德国哲学家伊曼努尔·康德就曾经提出：银河系是一个透镜形状的恒星集合体，在宇宙中这样的集合体还有很多。德裔英国天文学家威廉·赫舍尔（1738—1822），由于发现了天王星而名声大震，他还是第一位对银河系进行科学探测的天文学家。

什么是银河系的曲速？

在一些科幻小说中有人提出，我们可以利用银河系中的“曲速层级”来达到超越光速的速度。然而，事实并不是这样的。银河系的盘状物区域实际上并不是完全扁平的，除了略微厚一点以外，它更像一个高速旋转的比萨饼的外壳，这

个外壳在高速旋转的过程中被抛入了发生扭曲并摇摆不定的空气中。当然，由于我们的银河系要远远大于一个比萨饼，即使依靠“曲速”，围绕银河系的盘状物区域运行一周也需要几百万年的时间。

天文学家们认为，正是掉入银河系中的某个矮星系或某几个矮星系所产生的引力效应导致了“曲速”现象的出现。这一相对较小的作用力不会破坏银河系的盘状物区域，而只能使它发生轻微的弯曲。

银河系的邻居

▶ 在银河系的附近有哪些其他的星系？

当我们讨论星系时，“附近”一词便成为一个具有相对意义的词语。在距离银河系几百万光年的范围内，分布着几十个星系，它们构成了本星系群。在这些星系当中，有一些星系几乎与银河系的边缘区域相连接，射手星座矮星系就是一个典型的例子。

▶ 在本星系群当中，体积最大的是哪个星系？

比银河系体积略大的仙女座星系是本星系群中体积最大的星系。这个星系也被称为梅西耶31，这是因为在1774年查理斯·梅西耶编撰的著名星表当中，该星系是位于第31位的天体，梅西耶星表列出了夜空中的主要天体。

▶ 仙女座星系是什么时候被发现的？

在没有月光且完全清晰的夜空里，人们可以用肉眼勉强地观测到仙女座星系。所以，古代的天文学家们极有可能只知道它们的存在，而不知道它们的本质。法国天文学家查理斯·梅西耶在著名的梅西耶星表中将位于仙女座的巨大星云列为第31位天体。梅西耶认为首先发现仙女座星系的欧洲天文学家是西蒙·马里乌斯。马里乌斯在1612年通过天文望远镜观测到仙女座星系。也许，

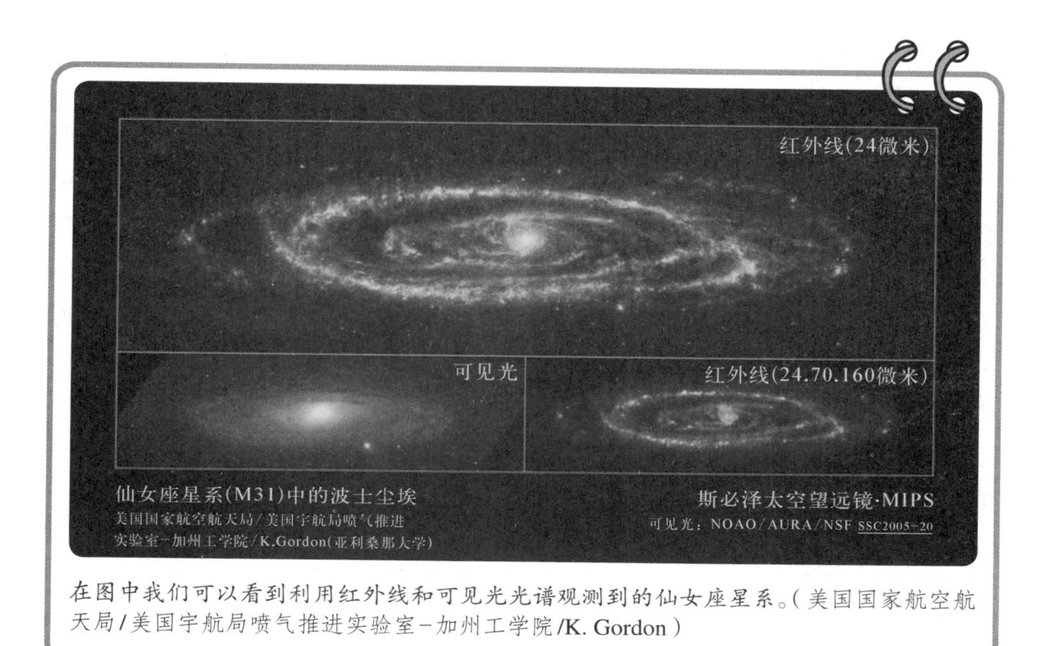

在图中我们可以看到利用红外线和可见光光谱观测到的仙女座星系。（美国国家航空航天局/美国宇航局喷气推进实验室–加州工学院/K. Gordon）

他还是有史以来第一个观测到仙女座星系的人。然而，根据欧洲以外的一些国家的天文研究记载，波斯的古代天文学家阿尔·苏菲早在公元905年就观测到了仙女座星系，而且是在没有任何天文观测设备的情况下完成的。阿尔·苏菲把他所观测到的仙女座星系称为“小云朵”。

仙女座星系与我们的银河系有哪些相似之处？

仙女座星系与银河系有许多相同点。和银河系一样，仙女座星系也是一个巨大的螺旋星系。它看上去与银河系体积相当。另外，它也包含了各种类型的天体，这其中就包括一个超级巨大的黑洞，这个黑洞位于仙女座星系的中心。实际上，仙女座星系要比银河系略微大一些，它的直径接近10万光年（大约相当于60 000万亿英里或1 000 000万亿千米）。

在本星系群当中还有哪些其他的星系?

除了仙女座星系和银河系以外，本星系群中的其他大约36个星系都是矮星系。它们的直径介于仙女座星系和银河系直径的1/2和1%，它们所包含的恒星数介于几百万和几十亿，这与仙女座星系和银河系形成了鲜明的对比（仙女座星系和银河系包含了上千亿颗恒星）。在本星系群当中，体积最大的星系是大麦哲伦星云和小麦哲伦星云、梅西耶32和梅西耶33以及IC 10、NGC 205、NGC 6822和射手座矮星系。其中，大麦哲伦星云和小麦哲伦星云围绕银河系运行；梅西耶32和梅西耶33围绕仙女座星系运行；IC 10、NGC 205、NGC 6822和射手座矮星系是本星系群中著名的矮星系。在表3中我们可以看到本星系群所包含的一些星系。

表3　本星系群

星系名称	星系类型	距离（千秒差距）	绝对视星等
银河系	棒旋星系	0	−20.6
射手座星系	矮星系	24	−14.0
大麦哲伦星云	不规则星系	49	−18.1
小麦哲伦星云	不规则星系	58	−16.2
小熊座星系	椭圆矮星系	69	−8.9
天龙座星系	椭圆矮星系	76	−8.6
雕具座星系	椭圆矮星系	78	−10.7
船底座星系	椭圆矮星系	87	−9.2
六分仪座星系	椭圆矮星系	90	−10.0
天炉座星系	椭圆矮星系	131	−13.0
狮子座Ⅱ型星系	椭圆矮星系	230	−10.2
狮子座Ⅰ型星系	椭圆矮星系	251	−12.0
凤凰座星系	不规则星系	390	−9.9
NGC 6822	不规则星系	540	−16.4
NGC 185	椭圆星系	620	−15.3
IC 10	不规则星系	660	−17.6

（续表）

星系名称	星系类型	距离（千秒差距）	绝对视星等
仙女座Ⅱ型星系	椭圆矮星系	680	−11.7
狮子座A型星系	不规则星系	692	−11.7
IC 1613	不规则星系	715	−14.9
NGC 147	椭圆星系	755	−14.3
飞马座星系	不规则星系	760	−12.7
仙女座Ⅲ型星系	椭圆矮星系	760	−10.2
仙女座Ⅶ型星系	椭圆矮星系	760	−12.0
梅西耶32	椭圆星系	770	−16.4
仙女座星系	螺旋星系	770	−21.1
仙女座Ⅸ型星系	椭圆矮星系	780	−8.3
仙女座Ⅰ型星系	椭圆矮星系	790	−11.7
鲸鱼座星系	椭圆矮星系	800	−10.1
LGS 3	不规则星系	810	−9.7
仙女座Ⅴ型星系	椭圆矮星系	810	−9.1
仙女座Ⅵ型星系	椭圆矮星系	815	−11.3
NGC 205	椭圆星系	830	−16.3
三角座星系	螺旋星系	850	−18.9
巨杜鹃座星系	椭圆矮星系	900	−9.6
WLM	不规则星系	940	−14.0
水瓶座星系	不规则星系	950	−10.9
射手座DIG星系	不规则矮星系	1 150	−11.0
唧筒座星系	椭圆矮星系	1 150	−10.7
NGC 3109	不规则星系	1 260	−15.8
六分仪座B型星系	不规则星系	1 300	−14.3
六分仪座A型星系	不规则星系	1 450	−14.4

在最近这些年里，在大麦哲伦星云的内部发生了哪些重要的天文事件？

1987年2月23日，超新星1987出现在大麦哲伦星云当中。这颗超新星一出现，就马上被在智利拉斯·康帕那斯天文台工作的两位天文学家发现了。这两位天文学家是伊恩·谢尔顿和奥斯卡·杜阿尔德。这次天文事件之所以对天文学家意义重大，是由于这颗超新星是几百年天文观测史上人们观测到的最近的超新星。当然，这颗超新星的出现是由于一颗巨大的恒星发生了爆炸。同时，这次天文事件实际上为天文学家们研究恒星的产生、进化和消亡过程提供了一个最有价值的恒星实验室。目前，天文学家们还在密切关注这颗超新星的动态。

什么是大麦哲伦星云？

大麦哲伦星云也被称为LMC，它是围绕银河系运行的最大的矮星系。它是一个不规则的盘状星系，它的形状与银河系非常类似。我们的观测角度与大麦哲伦星云的自转轴基本垂直，所以在地球观测者的眼中，它看上去更像一支长方形的雪茄。大麦哲伦星云的直径为3万光年，它与地球之间的距离为17万光年，是以探险家费迪南德·麦哲伦的名字命名的。1519年，麦哲伦成为第一位记载了这个星云的存在的欧洲人。

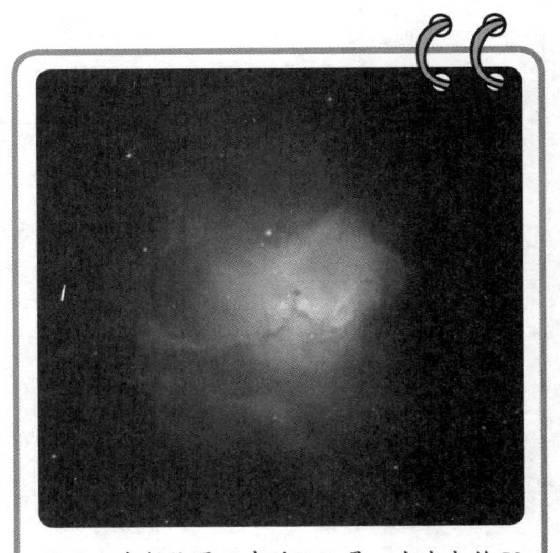

位于小麦哲伦星云中的N81是一个由大约50颗恒星组成的星团，这些恒星之间的距离仅为10光年。在大麦哲伦星云和小麦哲伦星云当中发生了许多特殊的天文现象。所以，这两个星云被归类为不规则星系。(美国国家航空航天局，欧洲航天局，法国巴黎天文台)

什么是小麦哲伦星云？

小麦哲伦星云也被称为SMC。和它的同胞大麦哲伦星云（LMC）一样，小麦哲伦星云也是围绕银河系运行的一个小星系。它的形状大致是盘子形，它的直径为2万光年，它距离我们20万光年。与银河系相比，小麦哲伦星云制造恒星的速度更快，这一点也是大小麦哲伦星云的共同点。所以，它也成为天文学家们研究恒星和星系的形成与演变的重要目标。

是谁首先确认小麦哲伦星云是一个单独的星系？

美国天文学家哈罗·沙普利（1885—1972）于1913年在普林斯顿大学获得了博士学位。他与因赫罗图而闻名于世的亨利·诺利斯·罗素（1877—1957）共同合作研究了“交食双星”这一天文现象。“交食双星”是指两颗恒星彼此围绕对方进行运行，其中的一颗恒星会每隔一段时间将另一颗恒星遮挡住使我们无法观测到它的存在。接下来，沙普利在位于加利福尼亚州帕萨迪纳的威尔逊山天文台开始研究其他种类的变星，这其中就包括天琴RR型变星和造父变星。人们可以把这些变星当作测量距离的“标准蜡烛”。沙普利还测量出在这些变星内部围绕银河系运行的球状星团之间的距离。通过测绘出这些星团的位置，沙普利还计算出银河系的盘状物区域的直径为10万光年左右，这一结果已远远超过了天文学家们最初的设想。同时，这意味着太阳和太阳系只能位于银河系的一侧，而不能位于银河系的中心。

1921年，沙普利成为哈佛大学天文台的主任。接下来，他开始研究位于大小麦哲伦星云里的变星。1924年，他利用这些变星作为“标准蜡烛”计算出小麦哲伦星云与地球间的距离至少有20万光年。这说明小麦哲伦星云一定是一个单独的星系，而不是银河系的一部分。

发生在1920年的沙普利-柯提斯辩论是怎么回事？

在20世纪的头20年里，哈罗·沙普利一直认为银河系是宇宙中唯一较大的星系。赫伯·柯提斯（1872—1942）等其他科学家们认为那些“螺旋状星云”实际上也是像银河系一样的星系。为了能够更好地回答这个在当时非常

重要的科学问题，沙普利和柯提斯于1920年在华盛顿展开了一系列的辩论。他们两个人都按自己的思路陈述了这个问题的答案，并把自己的论据同对方的论据进行比较。经过论证，证明哈罗·沙普利的观点是错误的，而赫伯·柯提斯的观点是正确的。事实上，银河系只是宇宙所包含的几十亿个星系中的一个星系。尽管沙普利的观点是错误的，但是直到今天，沙普利仍然被认为是一位伟大的科学家。

为什么小麦哲伦星云在观测宇宙学的发展史上具有重要的地位？

美国天文学家亨丽爱塔·勒维特（1868—1921）和丹麦天文学家埃希纳·赫茨普隆（1873—1967）在1913年研究了位于小麦哲伦星云中的造父变星。天文学家们利用这一研究成果进行了造父变星的周光关系计算，并有可能把造父变星作为研究银河系以外的距离的“标准蜡烛”。10年以后，埃德文·哈勃利用他们的研究成果断定了仙女座星系是位于银河系以外的一个遥远星系。当代星系外天文学也从此诞生了。

星系的运动

天文学家们如何来测量地球与星系之间的距离？

埃德文·哈勃在20世纪20年代首先测量了地球与仙女座星系之间的距离。在过去的100年里，他最初的测量数据被其他科学家们修正过多次。今天，绝大多数的天文学家在证明某些天文学试验方法的科学性时会进行具体的天体间距离的测量。除此以外，他们主要使用哈勃定律，也就是红移现象与距离之间的关系，来测量地球与遥远星系之间的距离。

哈勃定律的原理是什么？

埃德文·哈勃向世人证明了下面的观点：一个星系离观测地点越远，它远离该观测点的速度越快，这主要是由于宇宙在不断地膨胀。哈勃定律给出了红移现象与距离之间的基本转换因数。天文学家们利用哈勃常数的最佳测量参数（宇宙的膨胀速度），并结合宇宙的几何形状作出必要的调整，便可测量出任何星系的红移现象，最后利用转换因数得出该星系与地球之间的距离。

在观测非常遥远的天体时，红移现象与多普勒位移之间有什么联系？

正如维斯特·斯里弗、埃德文·哈勃和其他具有开拓意识的天文学家们在将近一个世纪以前所证明的：天文学领域的多普勒位移现象表明天体正在靠近或远离观测者。“蓝移”表明天体正在靠近观测者，而“红移”则表明天体正在远离观测者。不断膨胀的宇宙使得那些越来越远的星系不断地加快远离的速度，红移现象也变得越来越明显。当距离超过大约10亿光年时，红移现象变得非常明显。此时，爱因斯坦提出的特殊相对论成为天体运动的一个因数，平时我们将红移现象转换为多普勒位移的公式将不再发挥作用。在这种情况下，科学家们必须使用一个更为复杂的公式，即相对多普勒公式。

如何来计算宇宙中天体的红移现象？

要计算出宇宙中某天体的红移现象，首先要计算出被观测到的波长与剩余波长之间的位移，然后再计算出这一位移与剩余波长的比率。虽然这一过程听起来比较复杂，但是它实际上并不复杂。在研究遥远星系的年龄和距离等特性时，天体红移现象的相关数据被证明是非常有参考价值的。

下面我们通过一个实例来说明这一原理：假如一位天文学家正在对一个遥远的星系进行光谱测量，如果未发生红移的波长在光谱特征方面显示为100纳米，而这个星系的光谱特征显示为200纳米，那么测量出的红移数值为1；如果这个星系的光谱特征显示为300纳米，那么测量出的红移数值为2；如果这个星系的光谱特征显示为400纳米，那么测量出的红移数值为3，依此类推。

▶ 红移现象与星系的年龄和距离等特征有怎样的联系?

天文学家们通过推理得出结论：天体的红移现象不仅仅表明了天体远离我们的速度，而且表明了从光线离开该天体那一刻开始宇宙向外扩张的程度。如果天文学家观测到来自某个星系的光线发生了1度红移，那意味着当宇宙仅仅拥有半个目前的直径时，该光线离开了那个星系；如果红移的数值为2，那么宇宙当时的直径相当于现在直径的1/3；如果红移的数值为3，那么宇宙当时的直径相当于现在直径的1/4。随着这一模式的不断延伸，我们逐渐接近了可观测宇宙的边缘。随着红移的数值接近无穷大，宇宙的体积接近零，这时就发生了创世大爆炸。这意味着我们可以利用红移现象来测算任何可观测到的遥远天体的宇宙年龄。天文学家们可以根据当时的宇宙体积同目前的宇宙体积之间的比值来推算出当时的宇宙距离今天的时间，从而计算出在该天体被人类观测到时宇宙的实际年龄是多少。

▶ 什么是"回顾时间"?

光线（也就是任何种类的电磁辐射）的运行速度可以超过每秒18.6万英里（299 337.984千米）。这意味着如果我们看到18.6万英里（299 337.984千米）以外有一个物体，这个物体发出的光需要1秒的时间才能到达我们这里。反过来，这也意味着我们实际上看到的是1秒以前存在的物体。这一效应被称为"回顾时间"。

对于天文距离而言，"回顾时间"有着重要的意义。太阳的"回顾时间"是8分钟，木星的"回顾时间"大约为1小时，而"阿尔法人马座"恒星星系的"回顾时间"差不多为4年半。

星系的年龄

▶ "回顾时间"如何影响人们对星系的观测?

同行星和恒星相比，星系真的离地球很远很远。所以，星系的"回顾时间"

有可能成为宇宙实际年龄的相当大的一部分。每一光年的距离就会产生一年的“回顾时间”。如果某个星系距离我们50亿光年,那么我们目前看到的星系实际上是存在于50亿年前的星系,那个时候我们的行星还没有形成。

▶ 天文学家们如何利用“回顾时间”来研究宇宙?

从某种意义上讲,“回顾时间”的存在使人们感到不够走运,因为我们只能猜测星系今天的距离。不过,反过来讲,天文学家们可以利用“回顾时间”来研究宇宙的进化过程。由于天文学家们可以直接观测到遥远星系在遥远的过去的状况,所以他们不必像生物学家和历史学家那样,依靠化石和主观的文字材料进行相关的研究。这就好比我们在很多年前拍下了一张某个城市或小镇的照片,然后把这张照片同该城市或小镇的近照进行对比,从而发现这个地方近年来所发生的变化。利用“回顾时间”这个工具,天文学家们不但可以追溯到137亿年前的“创世大爆炸时期”,还可以研究在那以后宇宙的不断演变进程。

▶ 最遥远的星系究竟离我们有多远?

根据目前的测算结果,最遥远的星系的红移数值介于6～7之间,这意味着它们与我们之间的距离介于120亿光年～130亿光年之间。由于宇宙的视界是137亿光年,这意味着天文学家们观测到的范围已经超过了可观测宇宙范围的90%。

是否存在比最遥远的星系更远的天体?

根据目前的天文学理论,的确可能存在更遥远的天体。不过,由于“回顾时间”的效应,这些遥远的天体也是最古老的天体,所以它们发出的光线可能过于暗淡以至于利用现代天文望远镜无法捕捉到它们的存在。另外还有一种可能性:在它们存在的时期,宇宙还没有进化到完全透明的状态。

目前人类发现的最遥远的天体是星系。就在几年前，人们还认为最遥远的天体是类星体（QSO）。后来，人们发现类星体也位于星系之内。目前，类星体和非类星体星系正在定期地竞争“最遥远的已知天体”的头衔。

最古老的星系的年龄是多少？

由于“回顾时间”效应的影响，目前人类观测到的最遥远的星系也是最古老的星系。这些星系的红移数值为6～7，这表明它们距离我们差不多130亿光年，它们的年龄也差不多为130亿光年。

星系是什么时候形成的？

科学家们已经证明，最遥远且最古老的星系的红移数值为6～7。所以，最早形成的星系一定拥有更大的年龄。根据目前的星系形成理论，最早的星系的红移数值为10～20。即是说，最早的星系差不多形成于130亿年以前。

什么是类星体（QSO）？

“类星体（QSO）”这一术语是指光度极高的“活跃星系核心（AGN）”。它们之所以被这样命名，主要是由于我们通过可见光条件下所拍摄到的普通天文图像发现这些天体看上去很像恒星，或者像周围有绒状物或其他结构的恒星。然而，它们实际上根本不是恒星。同主星系相比，它们的光度太强了，以至于主星系发出的光线已经被淹没在其中了。

银河系是一个古老的星系吗？

银河系当然是一个古老的星系，它的年龄至少有100亿年。不过，目前的研究结果显示：银河系并不在最古老的星系之列。最古老的星系的形成时间往往要早于130亿年以前。

星际尘埃和星云

什么是星际介质？

星际介质是指存在于星系之间的物质，它们位于众多恒星之间，但不包括恒星本身。几乎所有的星际介质都是由气体和一些只有在显微镜下才能被观测到的尘埃微粒构成的。

星系中究竟有多少星际介质？

在银河系这样的星系（也就是不包括非重子暗物质在内）中，大约拥有1%的发光物质是星际介质。剩余的物质主要包括恒星和白矮星、中子星及黑洞等恒星的最终形态。

星际介质的密度是多少？

平均来看，在我们所在的银河系区域内，星际介质的密度大约是每立方厘米一个气体原子。与之形成鲜明对比的是，位于海平面以上的地球大气层的密度大约为每立方厘米10^{19}气体分子。在本地星际介质中，每1 000万立方米大约包含一个尘埃微粒。

在某些区域内，星际介质的密度可能更高。在某个区域内，如果气体和尘埃相当集中，星际介质就有可能变成星云。星云的密度比星际介质的密度要高成千上万倍。即使这样，同地球上最好的真空实验舱相比，这些星云的密度还是要低几百万倍。

星际介质的外表是什么样的？

星际介质可能会呈现出各种奇异的形态和颜色。许多星际介质是无法被观

测到的。实际上，它们还可能阻碍人们对遥远天体的观测。然而，通过不同的物理过程，星际介质还可以收集特殊的天体结构，并最终形成大小不等且形状各异的美丽星云。一些星云的名字足以说明它们的魅力，如玫瑰花星云、猫眼星云、沙漏星云、鬼脸星云和面纱星云。

什么是分子星云？

分子星云是指包含分子结构的星云。分子结构是由众多的原子结构构成的。云彩包含分子结构这一情况本身就非常有趣，更为有趣的是，如果星际间的云彩包含了分子结构，这意味着这些云彩有可能成为新恒星的诞生地。

星际介质中的分子结构只能存在于分子星云当中吗？

答案是否定的。它们也存在于恒星周围的星际环境当中。然而，太空中的气体分子要比原子气体脆弱得多。例如，恒星发出的紫外线辐射可以很快地摧毁分子结构并将它再一次分解成原子结构。所以，位于分子星云中的厚厚的尘埃可以在较长的时间内保护分子结构，使它们不会被轻易地驱散。

既然星际介质这么稀薄，我们又是如何观测到星云的呢？

虽然按照地球上的标准，星际间的气体云实际上是相当稀薄的，但是它们在体积上的优势足以补充它们在密度上的不足。位于星际间的云彩的宽度可以达到若干光年。所以，我们在遥远的地球上所看到的这些星云的总量会远远超过地球大气层里最厚的云彩，因此它们就变得非常容易观测了。

分子星云的体积有多大？

与恒星相比，分子星云的体积相当巨大。体积最大的分子星云被称为“巨人分子星云”，它的直径为若干光年。“巨人分子星云”的质量相当于太阳的成千上万倍或几百万倍。它们也可能包含许多密度很大的核心区域，每个核心区域所包含的气体相当于100～1 000个太阳。这些气体正是构成由新恒星组成的星团的原材料。

在星系的哪些区域里可以找到星际介质？

同螺旋星系相比，椭圆星系一般不包含大量的星际介质。例如，作为螺旋星系的银河系，它所包含的星际介质的质量相当于太阳质量的几十亿倍。相比之下，与银河系体积相当的椭圆星系所包含的星际介质的质量将不会达到上述质量的一半。不规则星系的大多数质量都是由星际介质构成的。在绝大多数星系当中，大多数的星际气体和尘埃都聚集在星系的盘状物区域内，而不在凸起区域或光环区域内。

星际介质会对天文观测产生怎样的影响？

当然，星际介质本身也是天文学研究的目标。然而，由于它们的存在，天文观测往往变得相当复杂。我们以在地球的表面观测日落为例来说明这个问题：

星际尘埃与我们在家里见到的尘埃非常类似吗？

答案是否定的。与地球上的室内尘埃相比，星际尘埃的体积更小，而且它们是由截然不同的物质构成的。室内尘埃通常是由泥土、沙粒、布纤维、纸屑、动植物残余物和一些只有在显微镜下才能被观测到的微生物构成的。而星际尘埃主要是由碳和硅酸盐（包括硅、氧气和金属离子）物质构成的。有时，在星际尘埃中还夹杂着固态水、氨和二氧化碳。

由于某种原因，太阳在日落时要比在其他时刻红得多。这是由于当太阳的位置在天空中较低时，它的光线要穿过尘埃密度更大的空气。天空中的尘埃往往会按一定的比例吸收更多的蓝光并让更多的红光从中穿过。灰尘的这种效应被称为“消光效应”。它一方面会改变被观测天体的颜色，另一方面会使被观测天体的外表变得模糊不清。

▶ 为什么星际介质如此重要?

宇宙中所有较大的天体都是由较小的部分构成的。只有在足够的星际介质聚集在一起并在相互间产生物理作用、化学作用乃至生物作用的前提下，恒星、行星、植物和人类才可能最终产生。或者说，地球上的人类也是星际介质的一部分。为了了解人类的起源和人类自身的特点，我们必须了解星际介质。星际介质是我们所观测到的宇宙万物的基本构成成分。

星云、类星体和耀类星体

▶ 什么是星云?

“星云”一词来自拉丁语，在拉丁语中的意思是“薄雾”。实际上，星云是指位于宇宙中某一地点的星际介质的集合体。星云的产生方式是多种多样的。例如，引力的吸引可能产生星云；又如，恒星的分散作用也可能产生星云；此外，近距离的强辐射源的作用也可以产生星云。尽管星云看上去非常美丽，绝大多数星云在每立方厘米内只包含几千个原子或分子。

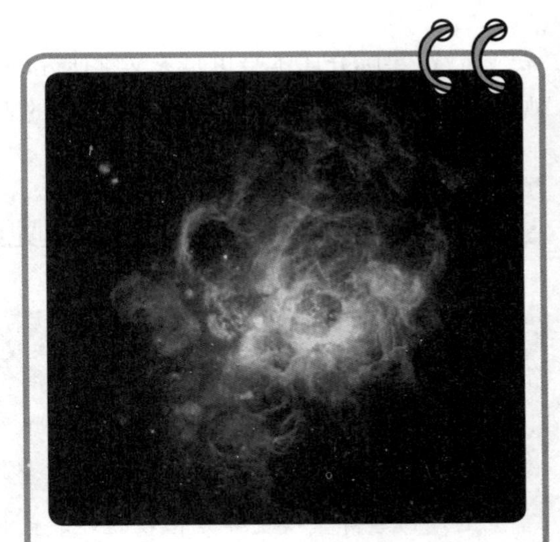

位于M33星系的NGC 604星云的直径为1 500光年。(NASA，Hui Yang University of Illinois)

所以，与地球上条件最好的实验室真空舱相比，星云的密度也要小得多。

星云的种类有多少？

星云的种类很多，它们既有正式的名字，也有非正式的名字。通常情况下，根据星云的外表，我们可以把星云分为暗星云、反射星云和行星星云等。根据星云形成的物理过程，我们可以把星云分为原恒星星云、原行星星云和超新星残余物等。

什么是暗星云？

暗星云的确很暗，它们看上去就像天空中黑色的斑点。它们之所以看上去很暗，是由于它们主要包含了一些冰冷的、高密度的且不透明的气体。它们还包括足够数量的尘埃，这些尘埃可以阻挡后面恒星发出的光。“煤袋星云”就是一个典型的暗星云，它位于南十字星座的附近。

什么是反射星云？

反射星云通常可以被附近的明亮光源给照亮。它们所包含的无数尘埃微粒就像显微镜的镜片一样，将恒星和其他能量极高的天体所发出的光反射到地球的表面。当人们用肉眼对一些反射星云进行观测时，它们看上去往往有些发蓝，这主要是由于蓝光的反射效果要好于红光的反射效果。

什么是发射星云？

发射星云是一种闪闪发光的气体云，它们往往带有强烈的辐射源，这种辐射源通常是恒星，它们位于发射星云的内部或背面。当发射星云的辐射源释放出足够多的高能紫外线辐射时，它所包含的一部分气体会产生电离现象，这意味着气体分子的电子和核将会发生分离，然后在星云的内部自由地运动。当自由电子与自由的核重新组合并形成原子时，这些气体会释放出特殊颜色的光线。光线颜色的种类取决于气体的温度、密度和构成。例如，猎户座星云在绝大多数

的情况下会发出绿色和红色的光。

▶ 著名的气体星云有哪些？

表4中列出了一些著名的气体星云。

表4　一些著名的气体星云

普通名字	在列表中的名字	星云的类型
蟹状星云	梅西耶1	超新星残余物
哑铃星云	梅西耶27	行星星云
天鹰星云	梅西耶16	恒星形成的区域
爱斯基摩星云	NGC 2392	行星星云
“海山二星”星云	NGC 3372	恒星形成的区域
螺旋星云	NGC 7293	行星星云
马头星云	巴纳德33	暗星云
沙漏星云	MyCn18	行星星云
礁湖星云	梅西耶8	恒星形成的区域
“猎户座”星云	梅西耶42	恒星形成的区域
夜枭星云	梅西耶97	行星星云
环状星云	梅西耶57	行星星云
煤袋星云	N/A	暗星云
三裂星云	梅西耶20	恒星形成的区域
面纱星云	NGC 6992	超新星残余物
女巫星云	IC 2118	反射星云

▶ 什么是类星体？

“类星体”一词是“类恒星无线电源”的简写，从20世纪60年代起被普遍使用。当时，一些正在研究宇宙无线电源的天文学家注意到许多无线电源在图片中看上去很像恒星。后来进行的研究表明它们根本不是恒星，而是活跃的星系核心区域。如今,“类星体”一词被用来泛指所有与恒星类似的天体,无论这个天体是否放射出无线电波。

▶ 类星体是在什么时候,利用什么方法被人类首先发现的?

在20世纪50—60年代,英国剑桥大学的天文学家们开始利用当时敏感度最高的无线电望远镜对宇宙进行全天成像。在历史上,剑桥大学的天文学家们先后绘制出几张星表,这些星表不但越来越详细,而且包括的范围越来越广。在现代天文学进行的研究当中有一个惯例:当天文学家们利用电磁辐射的一个波段发现了一个天体以后,他们还会在其他的波段中寻找这个天体,从而利用它所释放出的不同类型的光线更加全面地了解这个天体。

在剑桥大学的天文学家们绘制的第三张(3C)星表中包括了数百个无线电源。天文学家们为这些无线电源拍摄了可见光照片,以便了解它们在人们的视

在图中我们可以看到呈现在一位艺术家脑海里的一个位于遥远星系中的类星体。[NASA/JPL-Caltech/T. Pyle(SSC)]

什么是耀类星体和蝎虎天体？

蝎虎天体是一种无线电源，它最初被当作是一种特殊的变星。不过，天文学家们在证实了3C 273是一个类星体以后，又开始重新研究蝎虎天体。很快，他们意识到蝎虎天体也是一个类星体。然而，蝎虎天体的变化非常多，而且天文学家们无法预测蝎虎天体的亮度。今天，像蝎虎天体这样的天体被称为耀类星体。耀类星体的光谱特征与3C 273这类类星体的光谱特征是截然不同的。与绝大多数其他的类恒星星体相比，在耀类星体释放出的高能辐射中，伽马射线和X射线所占的比例更高。之所以会出现这种现象，主要是由于我们在观测超级巨大的中心黑洞时处于不同的角度。

觉中呈现出的外表。在这张星表中，第273个天体看上去像一颗恒星。但是，当天文学家们更加仔细地研究它所释放出的光线时，发现3C 273实际上是远离银河系的一个活跃的星系。事实上，3C 273是人类发现的第一个类星体，这个遥远的星系也被称为AGN星系，“AGN”指的是“活跃的星系核心区域”。

类星体最初是如何被认定为遥远且超级明亮的天体的？

1962年，荷兰裔美籍天文学家马丁·施密特（1929—　）研究了3C 273的光谱。他意识到，3C 273的发射谱线图形与一些赛弗特星系的发射谱线图形非常类似，不过3C 273的光线图形显得更为极端。除此之外，这些发射谱线向着电磁光谱的红色波长区域发生了位移。正如埃德文·哈勃所证明的，这种红移现象表明该天体很有可能在宇宙的一个遥远区域内。施密特利用红移原理计算出3C 273距离地球将近20亿光年。经过另一方面的计算，施密特发现3C 273要比银河系明亮得多。此外，3C 273在每秒钟所释放出的光线要多于太阳在一百多万年中所释放出的光线，这其中当然也包括了它所释放出的无线电辐射。

很快，3C星表中的其他无线电源也被证明是类似恒星的天体。实际上，这些类星体与地球之间的距离都能达到几十亿光年。

▶ 类星体（包括广义的类似恒星的天体）的亮度可以达到怎样的程度？

最明亮的类星体（包括广义的类似恒星的天体）的亮度要比银河系中所有恒星的亮度总和亮几千倍。

▶ 类星体的实际外表是什么样的？

大家可以在脑海中想象一个超级巨大的黑洞，它的直径为几百万英里或几十亿英里，它位于一个高速旋转的盘状物的核心区域，这个盘状物是由热度极高的气体构成的。在盘状物和黑洞的周围是一个厚度很大的饼状凸起区域，这里充满了密度更高且温度更低的气体。掉入黑洞的物质不断地聚集在这个凸起的区域内，并缓缓地呈旋涡状向盘状物的区域移动。最后，两股能量极高的物质流到黑洞的附近向外喷发出来，其中有一股物质流位于盘状物的上方，还有一股物质流位于盘状物的下方，这两股物质流的运行速度都接近光速。这些物质流会喷射到几百万光年乃至几千万光年以外的太空中。这就是类星体或类恒星天体（QSO）的概况。

星系中的黑洞

▶ 除了恒星和星际介质以外，星系还包括哪些物质？

星系通常具有极强的磁场，这些磁场要么穿越星系的盘状物区域和凸起区域，要么聚集在这些区域的周围。虽然在某些特定的区域内，那里的磁场可能相对较弱，但是，这些磁场的整体效应是相当强大的，它们会影响到星系内部的带电粒子和星际介质的运动。星系也可能包括黑洞。

▶ 银河系也包括一个超级巨大的黑洞吗?

几乎可以肯定的是,银河系也包括一个超级巨大的黑洞。银河系的核心位于射手星座的方向。就在银河系的核心,有一个被称为“射手A星”的天体。按照恒星的标准来衡量,这个天体所释放出来的X射线和无线电波大大出乎人们的意料。天文学家们对“射手A星”附近的恒星运动进行了十多年的跟踪研究,并得出结论:“射手A星”是一个无法观测到的天体,它的质量相当于太阳质量的三百多万倍。在宇宙中,唯一存在的上述种类的天体就是超级巨大的黑洞。

▶ 每个星系都包含黑洞吗?

天文学家们已经观测到的黑洞可以被分为两类,即恒星黑洞和超级巨大的黑洞。如果一个星系包含了许多炙热明亮的恒星,而这些恒星的质量相当于或超过太阳质量的20倍,那么几乎可以肯定的是这个星系包含恒星黑洞。

▶ 任何星系都包含超级巨大的黑洞吗?

答案是否定的。不过,根据目前的观测结果,绝大多数的星系的确拥有一个超级巨大的黑洞。到目前为止,根据测算的结果,在位于银河系附近的星系当中,有超过90%的星系看起来包括超级巨大的黑洞。

活 跃 星 系

▶ 什么是“活跃星系”或“活跃星系核心(AGN)”?

如果一个超级巨大的黑洞位于一个星系的核心区域内,那么它有可能从恒星和周围的气体中吸收物质。如果物质被吸收的速度非常快,达到或超过每秒钟几个地球质量的速度,那么在物质掉入黑洞的过程中就会产生大量的能量。在这一过程中所释放出来的能量要远远多于一颗恒星发生核聚变时所释放出来的能量。实际上，一个超级巨大的黑洞系统在几秒内所释放出的能量要多于太阳在几千年乃至几百万年内所释放出的能量。这样的系统被称为“活跃星系核心”或“AGNs”。

谁首先发现并研究了活跃星系?

美国天文学家卡尔·赛弗特（1911—1960）首先发现了活跃星系。赛弗特的主要天文学研究领域是确定恒星和星系的分光特性、颜色和光度。1940年，他来到加利福尼亚州的威尔逊山天文台，并成为那里的研究员。埃德文·哈勃曾在这里完成了关于星系的最著名的发现。到1943年，赛弗特已经发现了许多拥有特别明亮的核心区域的螺旋星系。这些星系的光谱特征非常与众不同，它们的发射谱线不仅亮度非常强，而且宽度数值也非常高。这表明在它们的核心区域内，正在发生能量极高的活动。为了纪念赛弗特，这种活跃星系在今天被称为赛弗特星系。

活跃星系的种类有多少?

活跃星系核心区域可能会出现在包括螺旋星系、椭圆星系和不规则星系在内的任何类型和形状的星系内。由于能量从活跃星系核心区域内被释放出去的方式不同，活跃星系核心区域的外表也大不相同。所以，活跃星系核心区域被分为许多种类，具体包括赛弗特1型星系、赛弗特2型星系、无线电星系、蝎虎天体、耀类星体、无线电云和电波弱类星体。有时候，天文学家们把各种光度极强的AGN统一称为“类星体”或“类恒星天体（QSOs）”。活跃星系核心区域有的时候不是特别明亮，它们所释放出的光线要远远少于主星系其他区域释放出的光线。在这种情况下，它们被称为“低亮度活跃星系核心区域”，它们往往会呈现出许多截然不同的物理特性。

AGN的光度是由哪些因素决定的?

有时，由于来自银河系或AGN主星系的介入物质的缘故，呈现在我们视线当中的活跃星系所产生的光线会减少。然而，这些介入物质不会影响AGN的光

度和AGN所释放出来的能量总量。影响AGN光度的唯一重要因素是物质掉入中心超级巨大黑洞的速度。对于“低亮度活跃星系核心区域”而言，在每年当中只有相当于地球质量几倍的介入物质掉入中心的黑洞内。然而，亮度最高的活跃星系核心区域在每年内所吸积的介入物质的质量相当于100万个地球的质量。

▶ 什么是无线电星系？

当人们在可见光条件下对无线电星系进行观测时，它们看上去通常是外表非常普通的螺旋星系。但是，这些星系往往能够释放出极其大量的无线电波。这时，无线电波所释放出来的能量总和要远远超过该星系的可见光所释放出的能量总和。绝大多数的无线电波辐射通常来自膨胀的圆形凸起区域或狭窄的物质流区域，这些区域的面积要比可以观测到的星系本身的面积大得多。当高能粒子流将AGN所产生的大部分能量携带走以后，极有可能产生了多余的无线电辐射。接下来，这些高能粒子流会同位于主星系内部和周围的星际介质相互作用并引发大量的无线电波释放。

▶ 活跃星系核心区域的统一模式是什么样的？

在对活跃星系核心区域进行了几十年的研究以后，天文学家们研究出一种统一的模式，这种模式可以解释所有活跃星系核心区域的活动规律。从根本上讲，所有的AGNs拥有相同的基本结构，也就是在星系的中心部分存在一个类恒星天体。随着我们的观测角度的变化，类恒星天体往往会呈现出不同的分光特征。人们有时可以俯视高能粒子流的桶状结构，有时可以观测到圆形凸起区域的侧面，有时可以从介于两者之间的角度来进行观测。此外，QSO的主星系有可能是螺旋星系、椭圆星系或特殊星系。我们可以透过由星际尘埃或星际气体组成的大幕对类恒星天体进行观测。我们也可以透过许多颜色和光度截然不同的恒星对类恒星天体进行观测。通过了解主星系的各部分，我们可以进一步了解AGN的分光特征。由于我们观测到QSO的不同部分，再加上不同物质的阻碍作用，每一个AGN看起来都是与众不同的。然而，它们的基本结构实际上是完全相同的。

更多的活跃星系和类星体

▶ 宇宙中究竟有多少AGNs和QSOs？

根据目前的观测结果，在位于地球附近的所有较大的星系当中，有5%～10%的星系包含AGNs或QSOs。类恒星天体的亮度与它的罕见程度是成正比的。在众多类恒星天体当中，只有极少数的亮度与3C 273相当。我们越向宇宙形成的早期进行追溯，就越有可能发现类恒星天体，这也有力地证明了宇宙在随着时间的推移不断地进化。

▶ 既然AGNs和QSOs非常特殊，它们在宇宙中的地位为什么那么重要？

首先，AGNs和QSOs包含极高的能量，它们的光度要比宇宙中的其他星系高出几百倍乃至上千倍。这意味着它们会对宇宙中附近的区域产生极强的影响力。例如，类恒星天体（QSOs）在大约120亿年前的宇宙历史瞬间，曾经发挥过

作为天文学研究的天然助手，AGNs和QSOs的价值体现在哪里？

AGNs和QSOs是亮度极高且密度极大的天体，它们看上去就像宇宙中的探照灯。所以，虽然它们距离我们非常遥远，但要发现它们还是相对容易的。当我们对一个遥远的类恒星天体进行观测时，介入地球与这个类恒星天体之间的所有物质都被照亮了。除了可以利用类恒星天体发出的光以外，我们还可以利用类恒星天体的光谱来研究在它们当中是否存在一些我们无法直接观测到的物质。

极其重要的作用。它将当时分布在宇宙各个角落里的星际气体进行电离，从而使这些原本模糊不清的气体变得透明起来。如果没有这一关键的电离过程，我们在今天就无法透过雾气笼罩的气体观测太空，天文学研究将变得异常艰辛。

其次，目前的观测结果显示：宇宙中绝大多数体积较大的星系包含超级巨大的黑洞。这意味着从绝大多数星系的组成成分来看，它们可以成为AGN或QSO的主星系。几乎所有的大型星系在它的生命周期里都会经历AGN活动或QSO活动。所以，AGN和QSO在星系演变的过程里发挥着极其重要的作用。因此，我们对它们了解得越多，对宇宙演变过程的了解也会相应地越多。

QSO探照灯在宇宙中的亮度究竟能够达到什么样的程度？

在地球上，无论是QSO，还是AGN，都是人们用肉眼观测不到的。从地球上进行观测，最明亮的QSO是3C 273，它距离地球大约20亿光年。所以，使用体积较小的专业天文望远镜很难观测到它。然而，当我们使用体积较大的天文望远镜时，与其他遥远的天体相比，QSO又变得比较容易观测了，这主要是由于此时的QSO显得格外明亮。

什么是类星体吸收线？

如果一个类星体（广义上也包括AGN或QSO）所包含的吸收特征不是由这个类星体本身所产生的，那就意味着这个类星体发出的光线穿过了某种物质或物体，这种物质或物体吸收了那部分光线。我们通过研究“类星体吸收线”对类星体发出的光线所产生的影响，进而研究“类星体吸收线”本身。当然，吸收光线的物体无法被我们直接观测到，这主要是由于它们自身发出的光线的缘故。

是什么导致类星体吸收线的出现？

类星体吸收线的出现通常是由于存在于星系内部或周围的星际介质。当类星体的光线穿过这些介质时，存在于介质当中的原子吸收了特定波长的类星体光线。

这是一幅经过艺术加工的图像。在图像当中，我们可以看到两个包含活跃内核的活跃星系。而且，在它们的内核区域内存在黑洞。位于图像右侧的星系的中心没有凸起区域，人们曾经一度认为这类星系不可能包含黑洞，现在看来，这种观点是错误的。（美国国家航空航天局/美国宇航局喷气推进实验室-加州工学院）

有时候，导致类星体吸收线产生的星际介质不是与一个星系有关，而是与一群星系有关。有时，相关的星际介质可能是位于星系之间的一个体积巨大且自由飘动的星云。有一种类星体吸收体被称为“莱曼-阿尔法星云”，这个星云主要是由星际气体构成的，它的体积比普通的星系小，它几乎不包含尘埃和重金属。

究竟什么是“莱曼-阿尔法森林”？

当类恒星天体的光谱中呈现出大量的吸收线时，绝大多数的吸收线是由“莱曼-阿尔法星云”所导致的。这些亚星系级的气体云往往位于宇宙中某个遥远的角落里，它们经历了不同程度的红移现象。每个气体云会拥有一个由氢气原子所导致的吸收线，这条吸收线被称为“莱曼-阿尔法吸收线”。所以，这个气体云被称为“莱曼-阿尔法星云”。如果在地球和类恒星天体之间存在足够多的“莱曼-阿尔法星云”，类恒星天体的光谱就会呈现出被“莱曼-阿尔法线”切断的态势。而这些“莱曼-阿尔法线”正是由于“莱曼-阿尔法星云”发生了红移现象而产生的。于是，最终呈现出下面的效应：一个由若干树木组成的森林在光谱区域内时隐时现。所以，我们把它命名为“莱曼-阿尔法森林”。

天文学家们通过研究“莱曼-阿尔法森林”可以了解到什么？

在QSO光谱所呈现的“莱曼-阿尔法森林”中，每一条吸收线都代表了一个气体云。所以，我们可以计算出在每次发生红移现象时“莱曼-阿尔法星云”的数量，这些红移现象的运动轨迹往往沿着QSO和地球之间的光线。虽然这些气体云的亮度使它们无法被我们直接观测到，但是它们仍然是宇宙的重要组成物质。通过了解“莱曼-阿尔法星云”的分布状况，天文学家们可以同时了解到气体物质在整个宇宙中的分布状况。通过研究数不清的QSO光谱中的“莱曼-阿尔法森林”，天文学家们已经得出结论：宇宙中的气体物质与恒星物质几乎同样多。即这些看上去非常缥缈且为数不多的星际介质和位于星系间的介质，实际上也是宇宙的重要组成部分。在这一点上，它们可以与任何星系内的恒星相提并论。

四 恒　星

关于恒星的基础知识

什么是恒星？

恒星是由大量的白热气体构成的。通过核聚变反应，这些气体会在恒星的核心区域内释放出大量的能量。宇宙中绝大多数可见光都是由恒星发出的。太阳就是一颗恒星。

天空中有多少颗恒星？

如果没有地面光源的干扰，任何一个视力好的人可以在任何一个夜晚看到大约2 000颗恒星。如果考虑到南北两个半球的因素，那么大约有4 000颗恒星是可以被看到的。在双筒望远镜或普通望远镜的帮助下，可观测到的恒星的数目会大幅度地增加。仅仅在我们的银河系内，就有超过1 000亿颗恒星。可观测的宇宙范围内的恒星的数量，至少是银河系中恒星数量的10亿倍。

离地球最近的恒星是哪一颗？

太阳是离地球最近的恒星，它与地球之间的平均距离为9 300万英里（149 668 992千米）。

▶ 除了太阳以外，离地球最近的恒星是哪一颗？

离地球最近的多恒星系统是半人马星座的阿尔法星。在这个星系内，有一颗光线最暗的恒星叫“比邻星”。据测算，“比邻星”距离地球4.3光年。半人马星座的阿尔法星的主星大约距离地球4.4光年。表5中列出了太阳附近的其他恒星。

表5　太阳附近的其他恒星

名　字	光谱类型	距离（单位：光年）
比邻星	M5V（红矮星）	4.24
半人马座阿尔法A星	G2V（与太阳类似）	4.37
半人马座阿尔法B星	K0V（橙矮星）	4.37
巴纳德星	M4V（红矮星）	5.96
伍尔夫359星	M6V（红矮星）	7.78
拉兰德21185星	M2V（红矮星）	8.29
天狼星	A1V（蓝矮星）	8.58
天狼B星	DA2（白矮星）	8.58
鲁屯726-8A星	M5V（红矮星）	8.73
鲁屯726-8B星	M6V（红矮星）	8.73
罗斯154星	M3V（红矮星）	9.68
罗斯248星	M5V（红矮星）	10.32
天苑四	K2V（橙矮星）	10.52
拉卡伊9352	M1V（红矮星）	10.74
罗斯128星	M4V（红矮星）	10.92
宝瓶座恒星	M5V（红矮星）	11.27
南河三A星	F5V（蓝绿矮星）	11.40
南河三B星	DA（白矮星）	11.40
61天鹅座A星	K5V（橙矮星）	11.40
61天鹅座B星	K7V（橙矮星）	11.40

（续表）

名　字	光谱类型	距离（单位：光年）
斯特鲁维2398A星	M3V（红矮星）	11.53
斯特鲁维2398B星	M4V（红矮星）	11.53
格鲁姆布里奇34A星	M1V（红矮星）	11.62
格鲁姆布里奇34B星	M3V（红矮星）	11.62

这些恒星位于半人马座阿尔法星系内。

什么是星群？

星群是由恒星构成的群体。当地球上的人们对星群进行观测时，它们往往会在夜空中形成某些可以识别的形状或图案。最著名的星群是大熊星座的北斗七星和“夏季三角”。许多天文学家利用北斗七星来确定北极星的位置。“夏季三角”是由北半球夏季夜空中最耀眼的3颗恒星构成的。

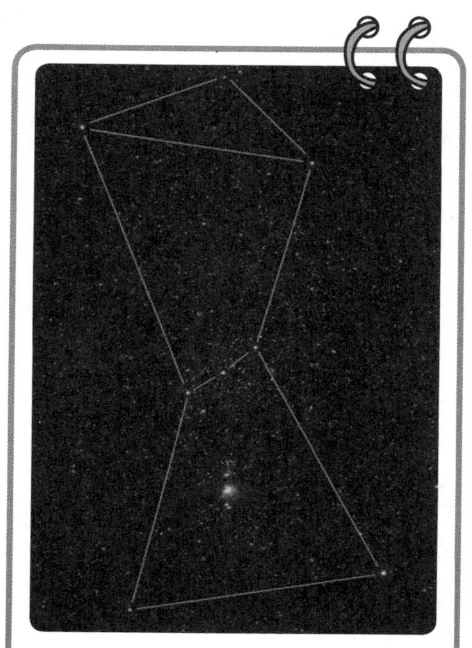

在图中我们可以看到最容易识别的一个星座，它的名字叫猎户星座。（由霍华德·迈克考伦提供）

对恒星的测绘

什么是星座？

星座与星群具有相同的性质。但是，相比之下，星座更为复杂，它包含了更多的恒星。换句话说，星座在天空中所占据的面积更大。有极少数的星群本身就是星座。例如，南十字星群本身也是一个星座。现代星座的名字往往与神话传说有关，这些星座经常是以传

说中神仙、英雄、动物或建筑的名称来命名。绝大多数星座的形状与名字中提到的人物非常相似。不过,也有一些形状不易辨认的星座。

大量的星座分布在整个星球的不同区域内,并使得人们在视觉上形成了一个可供参考的框架结构。天文学家们利用星座标注出恒星和其他天体在宇宙中的坐标,并描绘出由于地球自转和公转而产生的天体运动的明显轨迹。

宇宙中究竟有多少个星座?

目前,在天图中得到国际公认的星座共有88个。这其中著名的星座包括:天鹰座、天鹅座、天琴座、武仙座、英仙座、猎户座、蛇夫座、大熊星座、小熊星座以及黄道带上的星座。表6中列出了著名的星座。

表6　著名的星座

名　字	通　用　名	该星座中著名的恒星
Aquila	天鹰座	牛郎星
Auriga	御夫座	五车二
Bootes	牧夫座	大角
Canis Major	大犬座	天狼星
Canis Minor	小犬座	南河三
Carina	船底座	老人星
Crux	十字座	十字架二
Cygnus	天鹅座	天津四
Gemini	双子星座	双子座 α 星、双子座 β 星
Leo	狮子座	狮子座 α 星
Lyra	天琴座	织女星
Orion	猎户座	参宿七、参宿四、参宿五
Ursa Major	大熊星座	北斗一、北斗七星第五等的星、开阳
Ursa Minor	小熊星座	北极星

谁提出了各个星座的名字？

对星座的命名可以追溯到古代文明时期。在公元140年，古希腊天文学家克劳迪乌斯·托勒密绘制出了一张星表，他在该星表中列出了在埃及的亚历山大可以观测到的48个星座。在这48个星座中，除了南船座以外，其余的星座在今天的星表中仍然被使用。18世纪50年代，人们将南船座进一步拆分为4个单独的星座。许多新的星座是在最近几个世纪才被命名的，它们大都位于南半球。在早期的星图中，南半球的某些区域并没有被绘制出来。人们已经放弃了对其中某些星座的观测。许多星座在最初的时候拥有希腊名称，这些名称后来被拉丁名称所取代，这些拉丁名称一直被沿用到今天。

谁首先绘制了恒星的天文星图？

生活在公元前2世纪的古希腊天文学家喜帕恰斯由于他所进行的天文测绘以及在这一过程所使用的各种工具而闻名于世。喜帕恰斯根据用肉眼观测到的恒星绘制了一张地图，并根据亮度对这些恒星进行了分类。第一颗大型的天体测定卫星就是以喜帕恰斯的名字命名的。这颗卫星利用视差测定出10万多颗恒星的位置和距离。

在人类发明了天文望远镜以后，恒星星表的内容也变得丰富起来。1742—1762年，詹姆斯·布拉德雷（1693—1762）是英国皇家天文台的台长。在他绘制的恒星星表中，他准确地描绘出6万多颗恒星的位置。德国天文学家约翰·沃尔特·波德（1747—1826）在1786年成为柏林天文台的主任，于1801年公开发表了他绘制的大型恒星星表。

谁首先绘制了南半球星座的星图？

1676年，英国天文学家埃德蒙·哈雷（1656—1742）来到了位于非洲西海

岸附近的一个岛屿上，这个岛屿叫圣赫勒拿岛。哈雷在这个岛屿上对南半球的星座进行了观测，这也是欧洲人有史以来第一次对南半球的星座进行观测。在哈雷所绘制的南半球星座星图中，一共记载了381颗恒星的位置。

▶ 星座对于天文学研究有什么科学意义？

从科学的角度来说，星座没有任何意义。同一星座内的恒星、星云和星系可能没有任何共同点。要说共同之处，那就是它们在地球人的眼里都位于天空的附近。然而，实际上它们之间的距离相当遥远，这一距离已经超过了位于不同星座的天体间的距离。

天文学家们经常提到，某个天体位于某个星座内或者朝着某个星座的方向进行运动。这仅仅意味着，当地球上的观测者将目光投向某个星座所在的方向时，他们能够发现这些天体。当我们说某个天体位于某个星座内时，并没有考虑该天体与地球之间的距离，也没有考虑该天体与某星座内其他天体之间的距离。

▶ 什么是北极星？

北极星是任何位于北极点附近的恒星。地球的旋转轴就指向北极的方向。在最近的几个世纪里，有一颗被称为“北极星（Polaris）”的造父变星与北极非常接近，这颗恒星可以被看做一颗标准的北极星。经过1 000年以后，地球的旋转轴会改变它在天空中的指向。然而，在几千年前古埃及文明处于鼎盛时期时，北极星还只是一颗光线暗淡的恒星，当时人们把它称为右枢星。从那时起一直到现在，尽管很多个世纪已经过去了，人们一直没有找到有实际意义的北极星。

▶ 有没有南极星？

目前，在南极附近还没有发现用肉眼容易观测到的恒星。不过，在南极附近的相对区域内存在大量的星群和天体。所以，科学家们可以在它们之间进行三角测量并大致确定南极的方位。

对恒星的描绘和测算

夜空中最明亮的恒星有哪些?

从地球上进行观测，夜空中最明亮的恒星包括：位于大犬座内的天狼星，位于船底座的老人星和位于半人马座的南门二（通常被称为半人马座阿尔法星）。然而，这3颗恒星并不是在夜空中释放光线最多的恒星，而是到达地球表面光线最多的恒星。

表7中列出了一些在地球上可以观测到的最明亮的恒星。

表7　在地球上可以观测到的最明亮的恒星

名　字	星　座	光谱类型	视星等	距离 （单位：光年）
太阳	N/A	G2 V（黄矮星）	−26.72	0.000 015 8
天狼星	大犬座	A1 V（蓝矮星）	−1.46	8.6
老人星	船底座	A9 Ⅱ（蓝巨星）	−0.72	310
大角星	牧夫座	K1 Ⅲ（红巨星）	−0.04（可变的）	37
半人马座 α A星	半人马座	G2 V（黄矮星）	−0.01	4.3
织女星	天琴座	A0 V（蓝矮星）	0.03	25
参宿七	猎户座	B8 Ⅰ（超级蓝巨星）	0.12	800
南河三	小犬座	F5 V（蓝绿矮星）	0.34	11.4
阿却尔纳星	波江座	B3 V（蓝矮星）	0.50	140
参宿四	猎户座	M2 Ⅰ（超级红巨星）	0.58（可变的）	430
马腹一	半人马座	B1 Ⅲ（蓝巨星）	0.60（可变的）	530
五车二A星	御夫座	G6 Ⅲ（黄巨星）	0.71	42
牛郎星	天鹰座	A7 V（蓝矮星）	0.77	17
金牛星座的双星	金牛座	K5 Ⅲ（红巨星）	0.85（可变的）	65

（续表）

名 字	星 座	光谱类型	视星等	距离 （单位：光年）
五车二B星	御夫座	G2 Ⅲ（黄巨星）	0.96	42
角宿第一星	处女座	B1 Ⅴ（蓝巨星）	1.04（可变的）	260
天蝎座 α 星	天蝎座	M1 Ⅰ（超级红巨星）	1.09（可变的）	600

最远的恒星离我们有多远?

在夜空中，用肉眼可以观测到的恒星大约有4 000颗。在它们当中，离我们最近的恒星距离我们几千光年。然而，当那些较远的恒星与附近的星群或星系相互影响时，我们就可以看到它们发出的光。例如，我们用肉眼可以观测到大麦哲伦星云（距离地球大约17万光年）、小麦哲伦星云（距离地球大约24万光年）和仙女座星系（距离地球大约220万光年）发出的复合光。利用天文望远镜，可以观测到距离我们120亿光年以外的星系发出的星光。

谁首先准确地测算了地球与某颗恒星之间的距离?

德国数学家和天文学家弗里德里克·威廉姆·贝塞尔（1784—1846）在20岁那年重新计算了哈雷彗星的运行轨道，并把他的计算结果寄给了另一位天文学家海因里希·奥伯斯（有一个著名的悖论就是以他的名字来命名的）。贝塞尔在26岁那年被任命为哥尼斯堡天文台的台长，他在1846年去世以前一直保持着这一职务。在他的职业生涯当中，贝塞尔先后确定了5万多颗恒星的位置。在研究太阳系内行星运动的摄动现象时，他研究出了一系列的数学公式，这些公式有助于描述天体复杂的重叠运动和振动。今天，人们为了纪念贝塞尔，把这些公式命名为贝塞尔函数。这些公式在应用数学、物理学和工程学领域都是不可缺少的常用计算公式。贝塞尔还利用很有创意的方法测算出大量恒星的明显运动，他的计算结果比前人的计算结果要精确得多。

人类如何首次实现对恒星与地球之间的距离的准确测算？

1838年，弗里德里克·贝塞尔利用科学的方法测算出恒星的运动并计算出天鹅座61星的视差。贝塞尔利用这一信息可以测算出地球与该恒星之间的距离。按照现在的标准来衡量，他的测算结果的误差在百分之几的范围内。根据他的计算结果，天鹅座61星与地球之间的距离大约为10光年。这一距离要远远超过太阳系内任何天体与地球之间的距离。贝塞尔的发现为科学研究开辟了新的领域。从那以后，人们在研究恒星时，不仅仅把它们看作光源，而且把它们看作宇宙中实实在在的天体。

天文学家们如何来描述恒星的亮度？

利用通量来描述恒星的亮度是非常有科学意义的，所谓通量是指某颗恒星发出的光有多少到达了地球的表面；我们还可以通过光度来描述恒星的亮度，所谓光度是指恒星所释放出的能量的多少；另外天文学家们还利用“星等”这一历史描述方法来描述恒星的亮度。

古希腊天文学家们创建了最初的星等体系。在这一体系中，用肉眼可以观测到的最明亮的恒星拥有“一级星等”，第二明亮的恒星拥有“二级星等”，依此类推。那些光线最暗的几乎无法用肉眼观测到的恒星拥有“六级星等”。在人类发明了天文望远镜以后，人们发现了许多更暗的恒星，它们在亮度方面还不如拥有“六级星等”的恒星。于是，天文学家们将“一级星等”和“六级星等”进一步延伸，在这一过程中他们沿用了对数层面上的一个数学公式。

根据人们在历史上沿用的星等体系，越亮的天体拥有越低的星等级别，越暗的天体拥有越高的星等级别。这意味着负星等的亮度要高于正星等的亮度。与漫漫历史长河中的许多事物一样，天文学中的星等体系不但已经落后了，而且与人们的直觉截然相反。尽管这样，这种体系还是被一直沿用到今天。

▶ 绝对星等与视星等之间有怎样的差异?

最初的星等体系是建立在物理通量基础上的，也就是说，进入地球观测者视线范围内的光线越多，星等的级别就越低。由于能够反映出在地球观测者眼中恒星的视觉亮度，所以这种体系被称为视星等。

绝对星等体系是建立在光度的基础上的，也就是说，无论恒星的位置在哪里，它所释放出的光线越多，它的星等级别越低。我们可以用下面的方法来定义绝对星等：当我们把恒星统一放到10秒差距（大约32.6光年）时，我们所观测到的星等就叫做绝对星等。光源与观测者间的距离会影响物理通量与光度之间的关系。视星等（m）与绝对星等（M）之间的差被称为距离模数（m−M）。

恒星是如何运行的?

▶ 为什么恒星会发光?

恒星发光是由于在恒星的核心区域内发生了核聚变反应。核聚变反应将较轻的化学元素转化为较重的化学元素并释放出大量的能量。地球上威力最大的核武器就是靠核聚变反应来提供动力，不过与太阳内部发生的核爆炸相比，它们显然是微不足道的。

如果太阳内部没有发生核聚变，太阳还会发光吗?

如果太阳内部没有发生核聚变，那么在一段时间内太阳还会发光。太阳最初形成的原因是由于大量的物质在引力的作用下掉入其中。后来，这些物质被压缩成密度极大的气体球。它的温度也随之升高，同时它开始释放出热量和光线。也就是说，在太阳开始发光时，其内部的核聚变反应还没有开始。如果太阳内部没有核聚变反应，由于气体的衰变和压缩，太阳会继续产生能量，直到它完全掉入另一个单点之中。

根据开尔文勋爵（1824—1907）和赫姆霍兹（1821—1894）在19世纪晚期的计算结果，由于气体的衰变而产生的能量会使太阳在现有的光度条件下发光几百万年。不过，根据人类目前的了解，太阳已经发光46亿年了。显然，在这一过程中，能量的来源并不仅仅是气体的衰变。如果没有核聚变反应，在生命出现在地球上以前的相当长的时间内，整个太阳系将呈现出一片漆黑的状态。

恒星中的核聚变反应是如何进行的?

原子核不可能毫无规律地进行组合。相反，核聚变反应发生的概率是很低的，而且核聚变反应往往发生在极端的环境里。太阳核心区域的温度超过2 700万℉（1 500万℃）。那里的压力要超过地球大气层的1 000亿倍。在那样的环境里，发生核聚变的概率是极低的，它的数值不足10亿分之一。所谓的核聚变，是指一个质子在某一时刻与附近的另一个质子结合在一起并形成重氢子（即重氢的原子核）。重氢子很快与另一个质子结合在一起并形成氦-3原子核。最后，在又经历了大约100万年以后，两个氦-3原子核结合在一起并形成氦-4原子核，同时还释放出两个质子。

这一由多个步骤构成的过程被称为“质子-质子连锁反应”。在这一过程中，氢被转化为氦-4，少量的物质被转化为能量。虽然普通的一对质子很难通过融合形成重氢子，但是，在太阳的核心区域内有非常多的质子，所以在每秒内发生的核聚变的次数要超过1万亿的立方。被转化为能量的物质的数量也是相当惊人的，可以达到大约每秒4 500万吨。这些质量可以向外产生足够的推力，从而保证太阳在拥有稳定的体积和形状的同时，源源不断地将自身的光芒送入太空。

恒星究竟是固体、液体还是气体？

恒星主要是由一种被称为等离子体的特殊状态的气体构成的，等离子体其实就是带电荷的气体。许多人把等离子体看做是物质的第四种状态。我们在日常生活中可以观察到的等离子体的实例包括闪电球穿越的空间和荧光灯灯泡内的气体。

谁首先解释了核聚变反应的原理？

汉斯·奥尔布雷克特·贝特（1906—2005）首先解释了核聚变反应的过程。贝特出生在德国的斯特拉斯堡。他先后在英国和美国读过书，并于1935年加盟康奈尔大学的物理学研究院。他在那里致力于研究量子动力系统在高温下的运转原理。1938年，贝特研究出发生在太阳核心区域内的核聚变反应的物理学原理，并将自己的重大发现公开发表。这一原理还向人们解释了核聚变反应如何产生使太阳发光的足够能量。贝特在理论核物理学领域内取得的成绩使得他在首枚原子弹的研发过程中成为一个重要的人物。在第二次世界大战期间，贝特深入地参与了曼哈顿计划，他也是首批在新墨西哥州的洛斯阿拉默斯国家实验室工作的科学家之一。第二次世界大战结束以后，他继续在恒星物理学领域进行开拓性的研究，他对发生在恒星内部的各种物理过程进行了大量的研究。由于在物理学领域取得的杰出成绩，贝特在1967年被授予诺贝尔物理学奖。

是否存在穿越恒星的电流？

是的。这种电流比任何人造物体都要强大，它可以产生太阳的磁场。在太阳的内部分布着一些磁场，在太阳的外部还存在一个极其强大的磁场，它向太空深处延伸了几十亿英里。

在太阳的辐射带内发生了哪些物理过程?

太阳核心区域内的核聚变反应所产生的能量以辐射的形式向外运动，这种辐射的本质是一些穿越太阳等离子体的质子。虽然这些质子以光的速度进行运动，但是由于恒星内的等离子体的密度非常大，所以它们会不断地与各种微粒不期而遇并被反弹回来，这一无法预测的过程被称为“随机游走”。由于周围的反弹力非常强大，所以太阳光平均要花100万年才能穿越25万英里（400万千米）的辐射带。在太空的真空环境里，光可以在不到2秒的时间内穿行上述的距离。

在太阳的对流区内发生了哪些物理过程?

太阳对流区的起点大约位于太阳表面以下的9万英里（15万千米）处。在对流区内，温度会降低到180万℉（100万开尔文）以下。这时，等离子体中的原子便可以吸收来自太阳辐射带的质子。此后，等离子体的温度会升高，并开始摆脱太阳的表面。等离子体的运动会产生对流气流，在这一点上它与地球的大气层和海洋极为相似。对流气流携带着太阳的能量进入了太阳的光球层。太阳的光球层看上去位于热气腾腾的河流表面。实际上，这些热气腾腾的河流是由炙热的气体构成的。

下面介绍一下对流层的物理原理。位于对流区底部的气体在吸收了一定的能量以后，温度开始升高并发生膨胀，很快它的密度变得低于周围环境的密度。由于密度的降低，这股炙热的气体开始向对流层的表面飘去，这时的它就好像在寒冷的清晨飘到高空的热气球一样。在对流层的顶部，它们会将多余的能量辐射出去。此后，它们又会慢慢地冷却，密度也随之变高。最终，它们又沉到对流层的深处。这一效应仿佛是一个由“传送带”构成的连续的循环。在这一循环过程中。炙热的气体不断地升起，冷却的气体不断地下降。

在太阳的光球层里发生了哪些物理过程?

光球层是在可见光条件下人们观测到的太阳大气层的部分。人们有时把光球层称为太阳恒星的“表面”。它的厚度为几百英里，主要由一些体积与行星

相当的单元构成，这些单元是由炙热的气体构成的，它们也被称为“日面米粒”。这些气体单元处于不停的运动当中。随着它们将热量和光线从太阳的内部运送到太阳的外部，它们的体积和形状会不断地发生改变。太阳黑子也会偶尔出现在光球层，太阳黑子持续的时间从几小时到几星期不等。从本质上讲，太阳黑子是磁场活动非常剧烈的区域。

▶ 在太阳的色球层里发生了哪些物理过程？

色球层是介于光球层和日冕层之间的太阳大气层，它不仅非常稀薄，而且通常是透明的。从本质上讲，色球层是能量极高的等离子体，在它的表面时不时会出现火焰，这些火焰实际上是明亮炙热的气体流。色球层的表面还会经常出现光斑，这些光斑是由被称为“谱斑”的氢气云构成的。在一般情况下，色球层是观测不到的。要观测色球层，一般要使用紫外线望远镜或X射线望远镜。

色球层的厚度为1 000～2 000英里。它拥有一些出乎人们意料的物理特性。例如，从色球层的内边缘到外边缘，气体的密度是递减的，而气体的温度却是急剧升高的。具体来讲，温度会从7 250 ℉上升到180 000 ℉（也就是从4 000℃上升到1 000 000℃）。在这一过程中，它与太阳之间的距离实际上是在不断地增加。在它的外边缘，色球层会分解成狭长的气体流，这种气体流被称为“短暂日珥”。最终，这些日珥会融合成太阳的日冕层。

▶ 在太阳的日冕层里发生了哪些物理过程？

日冕层虽然非常稀薄，但是体积却非常庞大。这个气体层从太阳的光球层和色球层一直延伸到距离太阳1 000万英里（16 093 440千米）的宇宙中。它的亮度要远远低于太阳的其他区域，它只有在太阳被遮住时才能被观测到。人们要观测日冕层，要么使用一种叫“日冕观测仪”的设备，要么在日食发生期间进行观测。

虽然日冕层比地球上最好的实验室真空条件还要稀薄，而且距离太阳的核心区域非常遥远，但是日冕层的温度和能量都非常高，这一区域的等离子体的温度可以达到几百万摄氏度。天文学家们还在努力地研究日冕层变热的原因。目前的研究结果显示：太阳内部和太阳周围的强电流和强磁场将大量的能量输送到日冕层。在这一过程中，除了使用普通传递方式以外，有时还借助了特殊的“热点”，这种“热点”往往在短时间内形成并在短时间内消失。

是谁发现了太阳的色球层？

在19世纪的前50年，多曼尼哥·弗兰西斯·让·阿拉果（1786—1853）一直是法国领衔的天文学家。阿拉果在天文学领域取得了大量的成就。这其中就包括对太阳色球层的发现。他还对闪耀的恒星进行了富有前瞻性的解释。他的研究成果还帮助他的助手奥本·让·约瑟夫·李维里尔发现了海王星。阿拉果在帮助人们理解电磁现象和光学现象方面也作出了重大贡献。

▶ 其他的恒星也拥有核心区域、辐射带、对流层、光球层、色球层和冠状物吗？

是的。但是由于恒星的温度、质量和年龄不同，这些层的厚度比例也不尽相同。非常炎热的年轻恒星可以没有对流层而完全由辐射带构成；相反，温度非常低的恒星可能没有辐射带而完全由对流层构成。位于恒星周围的冠状物的体积变化非常明显，它主要取决于恒星周围磁场的强度。

太阳黑子、耀斑和太阳风

▶ 什么是太阳黑子？

在可见光条件下进行观测，太阳黑子看上去就像太阳表面的暗斑。绝大多数的黑子包括两个物理结构：中央黑影部分和周围的半暗部。中央黑影部分的

面积较小且非常黑暗，这一部分本身没有任何物理特性。周围的半暗部面积较大且光线较亮。在半暗部区域内有一些外表纤细的灯丝状的物质，这些物质像自行车轮子上的轮辐一样向外延伸。太阳黑子大小不一，而且往往聚集成团状。许多太阳黑子的体积已经远远超过了地球的体积，它们可以轻而易举地将整个地球罩住。

太阳黑子是一种受磁力作用的现象，它们的能量无比强大。虽然我们在可见光条件下观测到的太阳黑子通常处于平静的状态，但是我们在紫外光图片和X射线图片中看到的太阳黑子产生并释放出大量的能量。同时，我们还可以观测到在太阳黑子的周围和中心存在极强的磁场。

太阳黑子为什么看上去非常黑暗？

太阳黑子比周围光球层的气体温度稍低（大约2 000℉，即1 100℃）。所以在明亮的背景下，太阳黑子看上去显得非常黑暗。然而，请不要被这一假象所迷惑，实际上太阳黑子的温度仍然有几千摄氏度，穿越太阳黑子的电磁能量仍然是相当巨大的。

什么是太阳日珥？

日珥是能量极高的气体流，它从太阳的表面（也就是太阳的光球层）向外喷射到日冕层的内部。它们的长度可能超过100万英里（1 609 344千米），在被分解以前它们保持原有形状的时间可以达到几天、几星期甚至几个月。

什么是太阳耀斑？

太阳耀斑是太阳表面突然发生的强烈爆炸的现象。由于太阳内部高速旋转的等离子体的作用，强烈的太阳黑子会使自己的磁场发生扭曲和旋转。磁场线会突然展开并最终断裂。磁场内所包含的物质和能量会从太阳内部突然向外喷发。太阳耀斑的长度可以达到几千英里。它们所包含的能量要远远超过地球上的人类在历史上所消耗的能量。

什么是日冕大爆发?

日冕大爆发是太阳物质的巨大喷发,这些喷发出来的物质通常是能量极高的等离子体。在太阳表面发生巨大爆炸期间,这些物质被向外射入太空。日冕大爆发与太阳耀斑有关,但是这两个天文现象发生的时间总是不尽相同。当日冕大爆发的喷射物到达地球附近的太空时,人造卫星可能会被突发的电磁波动所破坏,而这种电磁波动正是由这些带电粒子的流动所引起的。

什么是太阳风?

太阳风实际上是带电粒子从太阳内部向太阳外部进行的流动。除了像太阳耀斑那样突然爆发以外,太阳风通常会从太阳的日冕层出发,然后缓缓地流过整个太阳系。和地球上的风一样,太阳风在速度和密度方面也会不断地发生变化。然而,从本质上说,太阳风是流动的等离子体而不是流动的空气。

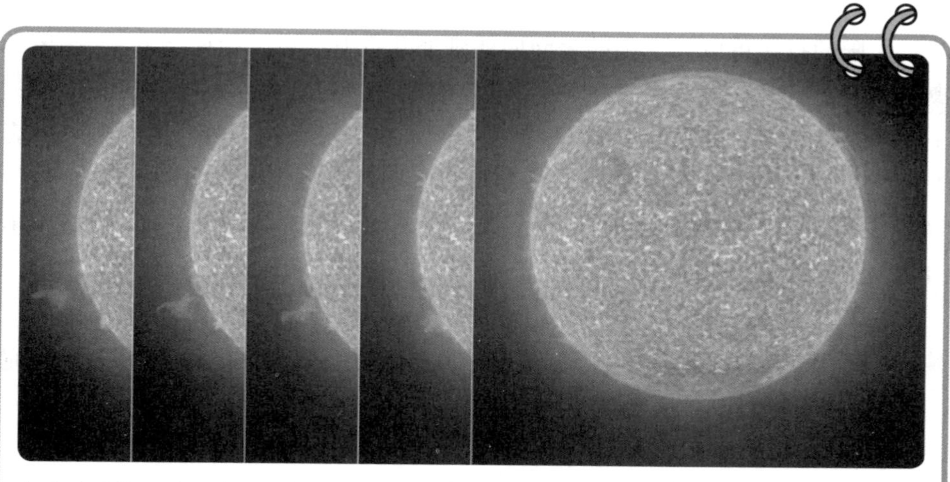

上面的图像是利用美国国家航空航天局的极端紫外线成像望远镜拍摄的。在图中,我们可以看到一个长度为8万英里(128 747.52千米)的太阳耀斑正在喷发。(美国国家航空航天局)

▶ 我们如何来观测太阳风在太阳系中的效果?

一种简单的观测太阳风效果的方法是观测彗星的彗尾。当一颗彗星进入太阳系的内部时,温度的升高会使其失去外层的一小部分,这一部分将会从固体升华成气体。结构变得松散的物质被作用力拖着远离太阳并形成了彗尾。太阳光本身的冲量往往会形成辐射压力,这种压力会对中性粒子产生推力并将它们推回去。另一方面,带电粒子被太阳风推了回去。有的时候,这两个部分会被轻轻地分开,这时我们既能观测到“由尘埃构成的彗尾”,又能观测到“由离子构成的彗尾”。

▶ 太阳风的运行速度有多快?

来自太阳的等离子体一般会向四面八方流动,它们的运动速度一般为每秒几百千米。然而,当它们冲出太阳日冕层的洞穴时,它们的运行速度可以达到每小时220万英里(354千米)或更快。随着太阳风远离太阳,它们会不断地进行加速,并在很短的时间内失去密度。

▶ 太阳风可以运行多远?

太阳的日冕可以从太阳的表面向外延伸几百万英里。相比之下,太阳风等离子体的运行距离还要多出几十亿英里,它们的运行距离实际上已经超出了冥王星的运行轨道。在这一区域内,等离子体的密度会继续下降。当太阳风的影响力几乎减小为零时,它就到了一个极限,这一极限被称为“太阳风层顶”,位于“太阳风层顶”内的区域被称为日光层,这一区域距离太阳80亿～140亿英里(130亿～220亿千米)。

▶ 所有的恒星都拥有像太阳黑子、太阳日珥、太阳耀斑、太阳质量抛射和太阳风这样的物理现象吗?

是的,所有的恒星都在不同程度上拥有这些物理特性。与我们所知道的绝大多数的恒星相比,太阳在风暴活动方面显得相对平静。这对于地球上的生命是一个非常好的消息。一旦太阳活动对地球产生了强烈的破坏力,地球上的生命一般

太阳活动会对地球上的生命产生怎样的影响？

当太阳风到达地球的运行轨道时，它的密度已经变得非常小，在每立方英寸中只包含少量的粒子。即使这样，它的威力足以对地球上的生命产生强大的辐射破坏力。不过幸运的是，地球上的生命受到了地球磁气圈的保护。所以，在几十亿年的地球历史长河中，太阳风并没有对地球上的生命产生强大的辐射破坏力。

当太阳活动极为剧烈的时候，例如在发生太阳耀斑的时候，带电粒子流会显著增加。在这种情况下，这些离子会撞击位于上层大气层的分子并使它们发光。这些奇异的微光被称为北极光和南极光。在这段时间内，地球磁场暂时变得较弱，地球的大气层也开始膨胀，这会对位于高地球轨道内的卫星运动产生影响。在太阳的磁通量变得非常显著时，电力网可能会受到干扰。

将无法生存。一些恒星拥有体积庞大的耀斑，这些耀斑会不断地向外喷发。在另外一些恒星的表面布满了黑子。如果某些行星围绕这些恒星进行运行，恒星对行星环境产生的磁场影响将使得几乎任何生命形式都无法在这些行星上生存。

恒星的演变

什么是恒星的演变？

“恒星的演变”这一术语主要是指恒星逐渐衰老的过程。与“恒星的演变”相关的理论是相当广泛和复杂的，它也是天文学的重要研究领域之一。我们可以把这一研究领域与人类的衰老过程进行类比：每一个人在出生以后，都会首

先经历不成熟的时期，然后经历较长的成熟期，最终经过一系列的变化过程走向死亡。

▶ 什么是"主序恒星"？

"主序恒星"是目前正处于生命周期的主要成熟期的恒星。主序恒星会将氢转化为氦，从而保证自身处于平衡状态。

▶ 有没有"非主序恒星"？

有。目前，绝大多数的恒星都是主序恒星。或者说，这些恒星正在经历它们生命周期中最长的平衡期。不过，还有少量的一些恒星已经非常炙热，它们既包括那些还没有经历过"主序期"的恒星，即"婴儿恒星"；也包括那些已经结束"主序期"的恒星，即"老年恒星"。在恒星的存在期内，它们会不断地发生变化并不断地衰老。

▶ 天文学家们如何利用"赫罗图"来研究不同组别的恒星？

"赫罗图"不仅反映出恒星在纵轴方向上的光度和星等，而且反映出恒星在

如何给主序恒星起名字？

有一个天文学诊断工具被称为"赫罗图"，"主序区域"的存在是"赫罗图"的主要特征。当天文学家们想要研究一组恒星时，他们会测量它们的光度（通量）和温度（颜色），并根据研究结果绘制出一张图表。埃希纳·赫茨普隆（1873—1967）和亨利·诺利斯·罗素（1877—1957）首先绘制了这样的图表。在这张图表的狭长对角线区域内集中着大量的数据点，这一区域被称为"主序区域"。

横轴方向上的光球温度、颜色和光谱类型。在一组典型的恒星当中，绝大多数的恒星会呈现在一个狭长的对角线带状区域，这一区域被称为“主序区域”。这一区域会经历从炙热明亮的恒星到寒冷暗淡的恒星的变化。某些恒星虽然温度很低，但却非常明亮，它们通常是红巨星，而且往往不在主序区域内；另一些恒星虽然温度很高，但却非常暗淡，它们通常是白矮星，而且往往也不在主序区域内。不在主序区域内的这些恒星一般已经到了生命周期的末期，它们在图表中的位置完全能够说明它们在生命周期中所处的阶段。

研究“赫罗图”的方法很多，例如，我们通过观测主序区域的光度极限可以确定某组恒星的年龄；我们还可以通过研究非主序恒星的数量来研究某组恒星的演变历史；此外，如果存在某个与主序区域平行的带状区域，这说明带状区域内的恒星与主序区域内的恒星发生了混合。在“赫罗图”内，几乎每一个数据点细节都可以帮助我们了解某组复杂恒星的本质。

▶ 什么是“颜色－光度图”？

“颜色－光度图”是“赫罗图”的一种，在它的纵轴上，我们可以看到恒星的视星等；在它的横轴上，我们可以看到恒星的颜色。这些信息对于研究成群分布的恒星是非常有用的。

▶ 什么是“沃尔夫－拉叶星”？

“沃尔夫－拉叶星”是以两位首先发现这类天体的天文学家的名字来命名的。这种恒星不但质量巨大而且非常年轻。它是一种典型的主序恒星。但是由于非常年轻，它们还没有进入非常稳定的平衡期。强烈的恒星风会从它们的表面刮过，所以在它们的环境里充满了变化和波动。

▶ 什么是金牛T型星？

这类恒星是根据在该类恒星中排名第一的天体来命名的，它们拥有中等的质量而且非常年轻。也许是由于过于年轻的缘故，在它们的核心区域内还没有发生核聚变反应，或许这种核聚变反应才刚刚开始。核心区域周围的物质还没

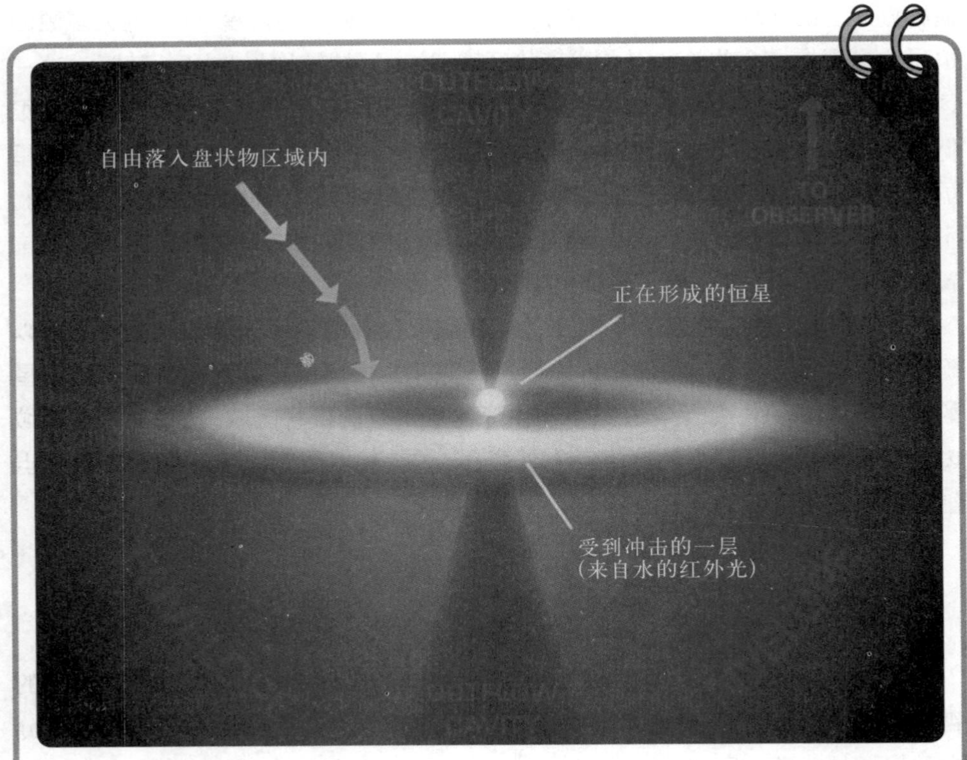

上面的图像说明了原行星盘状物的形成过程，在这个原行星盘状物中包含了大量的水分。当这种盘状物面向观测者时，它们很容易被地球上的观测者观测到。(美国国家航空航天局/美国宇航局喷气推进实验室－加州工学院/T.Pyle)

有进入平衡期，大量的物质还在源源不断地掉入恒星的核心区域内。与此同时，由于物质的掉入产生了大量的能量，这些能量以恒星风的形式从中心区域吹向外围区域。由于高速旋转的尘埃和气体，恒星的核心区域在我们的视野里变得模糊起来。

什么是原恒星？

原恒星是指并没有完全进入主序区域的这类恒星。它们也可以被称为“婴儿恒星”。金牛T型星就是一种典型的原恒星。

什么是原行星盘状物？

一旦恒星核心区域内的核聚变反应进入持续状态，恒星风便开始清除周围的尘埃、气体和碎片。一些碎片会掉入高速旋转的盘状物区域内，这些薄薄的盘状物区域往往会围绕刚刚诞生的恒星进行运转。这一物理结构被称为原行星盘状物。人们之所以这样命名这一区域，主要是由于在这里聚集了构成行星的原材料，同时新行星极有可能在这里诞生。

影响恒星演变过程的最重要因素是什么？

一颗恒星最初的质量，也就是它诞生时的质量，是影响恒星演变过程（衰老过程）的最重要因素。一般来说，根据恒星的质量，我们可以将恒星分为五大类，即质量非常小的（大约少于太阳质量的0.01倍）、质量小的（大约是太阳质量的0.1倍）、质量中等的（与太阳质量大致相当的）、质量高的（大约是太阳质量的10倍）和质量非常高的（大约多于太阳质量的100倍）。每一类恒星从诞生到消亡都遵循类似的规律。太阳当然应该属于质量中等的恒星。

恒星最初的质量与它的体积、年龄和光度有着怎样的联系？

一颗恒星的生命周期主要是由主序时期构成的。一颗恒星最初的质量越大，它在主序时期的光度就越高；相应地，该恒星的热度会越高，它的颜色会越蓝，它的直径会越长，它的主序时期会越短。

质量非常小的恒星如何演变？

质量非常小的恒星通常被称为褐矮星。所有的褐矮星在诞生、演变和衰亡的过程里遵循同一种模式。典型的褐矮星所包含的质量相当于太阳质量的1%。

它的光度大约相当于太阳光度的百万分之一。虽然褐矮星发出的光非常暗淡，但是它们会连续发光至少100兆年。

▶ 质量小的恒星如何演变?

质量小的恒星通常被称为红矮星。在它诞生的时候，氢在核聚变反应中被转化为氦。之后，核聚变反应还会继续一段时间，在这一过程中，红矮星从来没有真正改变过自己的体积和形态。当红矮星结束了自己的生命周期时，它就转化为白矮星。典型的质量小的恒星所包含的质量相当于太阳质量的1/10。它的光度大约相当于太阳光度的1‰，它的主序时期大约为1兆年。

▶ 质量中等的恒星如何演变?

与太阳质量相当的恒星被称为质量中等的恒星。在它们诞生的过程里，氢在核聚变反应的过程中被转化为氦。在经历了主序时期以后，它们会经历剧烈的变化，并在相对较短的时间内转化为红巨星。最后，这类恒星会结束红巨星时期并衰变为白矮星。太阳会释放出一个太阳光度单位的光线，它的主序时期大约为100亿年。在主序时期大约1/10的时间内，太阳会表现为一颗红巨星。

什么是超新星残余物?

超新星残余物是在超新星爆炸发生以后残留下来的放射星云。它主要是由等离子体构成的。这些等离子体曾经是巨大的恒星的一部分。在超新星爆炸发生以后，这些残余物首先被推向太空，它们的运行速度可以达到每小时1亿英里。经过一段时间以后，这些残余物又形成了明亮的灯丝状结构，这一结构是由能量极高的气体构成的。除此以外，在这些气体中还包含了较重的化学元素，这些化学元素是在核聚变反应的过程中形成的。核聚变反应往往发生在恒星生命周期的末期。这些恒星可以被看做是超新星残余物的祖先。像钙、铁、金和银这样的化学元素会结合在一起并最终成为星际介质的组成部分。在不久的将来，它们又会成为新的恒星或行星的原材料。蟹状星云就是一个典型的超新星残余物。

质量大的恒星如何演变?

质量大的恒星从一开始就是明亮的主序恒星。后来，它们也会成为红巨星。不过，它们最终并没有衰变为白矮星。在核聚变的过程中，氢被转化为氦，氦被转化为碳，接下来碳又被转化为氧，转化的过程就这样继续下去。在这一过程中产生了越来越重的化学元素，例如氖、镁、硅和铁。接下来，当内部的引力与核聚变反应形成的外推力之间的平衡状态被最终打破时，恒星自身的引力会在极短的时间内使其核心部分发生衰变，这时超新星大爆炸就发生了。这一演变过程的最终残余物是中子星。从本质上讲，中子星是衰变后的恒星核心区域，它的直径大约仅为10英里（16.093 44千米）。尽管这样，它们的质量还是比太阳质量多几倍。质量大的恒星所包含的质量大约相当于太阳质量的10倍。在它的主序时期内，它们的光度比太阳的光度高1 000倍，它们的主序时期大约为1亿年。

质量非常大的恒星如何演变?

质量非常大的恒星会在很短的时间内将氢转化为氦。它们的质量相当于太阳质量的100倍，它们的主序时期大约为100万年，它们的光度相当于太阳光度的100万倍。与质量大的恒星类似的是，质量非常大的恒星在结束了主序时期以后，也会在核聚变反应过程中形成越来越重的化学元素。不过，当超新星大爆炸发生的时候，它们的核心部分并没有在中子星阶段停止衰变。它们的核心区域的质量相当大，最多时可以达到太阳质量的10倍或20倍。所以，任何普通物质都无法阻止物质在引力的作用下掉入其中。这些质量最后堆积成一个奇点并形成了黑洞。

位于大麦哲伦星云内的霍奇301星团是由一些正在衰亡的恒星组成的。同时，它还被蜘蛛星云所包围着。霍奇301星团内的许多恒星，要么作为超新星已经发生了爆炸，要么作为逐渐衰老的红巨星很快会发生爆炸。（美国国家航空航天局，哈勃望远镜的珍藏小组，太空望远镜科学研究所，美国大学天文联盟）

什么是行星星云?

行星星云这一名称听起来使人感觉有点模棱两可。实际上,行星星云是由气体构成的星云。它们之所以被称为行星星云,主要是由于当天文学家发现它们时,这些星云不仅形状很圆而且色彩斑斓,看上去酷似太阳系中的行星。当与太阳相仿的质量中等的恒星经历了生命周期的最后一个阶段以后,它们就会形成行星星云。随着这类恒星经历了红矮星的阶段,充满了气体的外层会与恒星的核心区域相分离,并同时喷发出一系列的烟雾把整个大气层遮住。著名的行星星云包括:环状星云、猫眼星云、沙漏星云和耳轮星云。

什么是超新星?

当恒星核心区域的质量超过钱德拉塞卡极限时,巨大的爆炸就发生了。超新星就是指这时发生的巨大爆炸。它的衰变过程不会由于电子的退化而结束。当超新星大爆炸发生时,恒星核心区域在极短的时间内就会衰变为直径10英里(16.093 44千米)的密度球。这时的温度和压力都会急剧地上升,衰变的反作用力会引发巨大的爆炸。更多的能量被释放出来,这些能量会超过太阳在100亿年内释放出来的能量。这时,恒星中的大量物质被吹向星际空间的深处。

超新星一般可以被分为两大类,即ⅠA超新星和ⅡA超新星。当现存的年龄较大的白矮星获得了足够的质量并超过了钱德拉塞卡极限时,就会出现"逃逸衰变现象",ⅠA超新星就是在这种条件下产生的。当一颗质量大的恒星产生了非常强大的引力,并使它的核心区域在自身重量的作用下超过钱德拉塞卡极限时,ⅡA超新星就产生了。

太　阳

与其他恒星相比,太阳究竟有多亮?

太阳的视星等是一个相当大的负数。具体说来,在可见光条件下,

m=－26.7。由于太阳离地球非常近，所以它的视星等在众多天体当中是最低的。在可见光条件下，太阳的绝对星等是4.8。与视星等不同，太阳的绝对星等在绝大多数恒星当中排名中游。

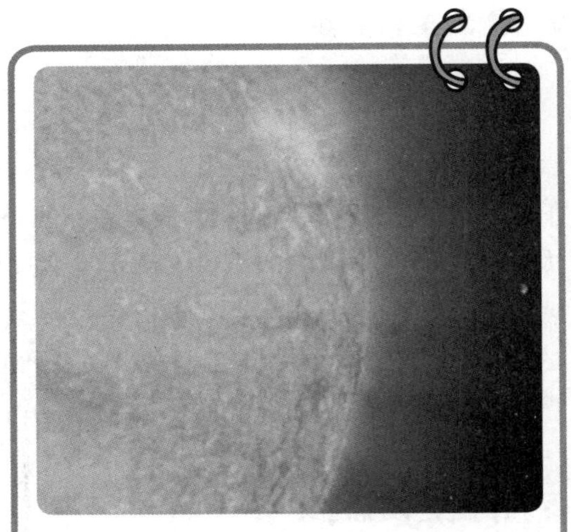

太阳是距离地球最近的恒星，它距离地球大约9 300万英里。它的体积要比地球体积多一百多倍。（美国国家航空航天局/美国宇航局喷气推进实验室－加州工学院/R.Hurt）

▶ 太阳已经照耀了多少年？

太阳已经照耀了46亿年。我们通过各种科学研究得出了上述结论。其中最有说服力的证据来自对流星的研究。科学家们利用各种追溯的方法证明：一些流星形成于太阳开始照耀的时期，而它们的年龄是46亿年，所以太阳的年龄也应该是46亿年。

▶ 太阳还会继续照耀多长时间？

根据科学家们对恒星运行原理的研究，太阳核心区域内的核聚变反应还会继续50亿～60亿年。

▶ 太阳的体积和结构是怎样的？

太阳的核心有一个内核，在内核的周围分布着一个辐射带，而辐射带的周围是对流区。在太阳的表面有一个薄薄的光球层。在光球层的外面还分布着色球层和日冕层。太阳的直径大约为853 000英里（1 372 500千米），这一数值大约相当于地球直径的109倍。

太阳的内部和周围之所以存在多层的物理结构，主要是由于太阳的温度和压力等物理条件会不断地发生改变，这种变化主要取决于不同区域与太阳中心的距离。例如，在太阳的内核部分，温度会超过1 500万开尔文（26 999 540.33 ℉）；

而在对流区的内部，温度会低于100万开尔文（1 799 540.33 ℉）；此外，太阳光球层的温度大约为5 800开尔文（9 980.33 ℉）。

太阳是由什么构成的？

太阳的质量包括71%的氢、27%的氦和2%的其他成分。从原子的数量来看，太阳包括91%的氢原子、9%的氦原子和不到0.1%的其他原子。宇宙中的绝大多数恒星都拥有与太阳类似的化学构成。

太阳的质量有多大？

太阳的质量相当大，如果用“磅”作为计量单位，质量的数值是439万与1兆的平方的乘积；如果用“千克”作为计量单位，质量的数值是199万与1兆的平方的乘积。在超级巨大的恒星当中，质量最大的大约相当于太阳的一百多倍。质量最小的矮星和褐矮星大约只相当于太阳的1%。

太阳究竟有多热？

太阳中心的温度大约为2 700万℉（1 500万开尔文）。这一温度可以保证恒星利用“质子－质子链”将氢转化为氦。不过，总的来说，太阳的温度在恒星当中居于中游。其他的恒星除了经历“质子－质子链”这一过程以外，还会经历一些核聚变的过程，例如碳氮氧循环和3 α 反应。

太阳表面的温度为11 000 ℉（5 800开尔文）。恒星表面温度的变化范围为5 400～5.4万℉（3 000～3万开尔文）。对于一些特殊的恒星而言，它们的表面温度会超出上述变化范围。

太阳会发生旋转吗？

太阳的确正在旋转，它自西向东围绕它的旋转轴进行旋转。太阳的自转方向与行星围绕太阳运行的方向是一致的。太阳并不是一个固体天体，它是由带电荷的气体构成的。它的旋转速率会随着纬度的变化而变化，在太阳的

与银河系和宇宙中的其他恒星相比，太阳是一颗特殊的恒星吗？

研究表明，当我们谈到宇宙中的恒星时，太阳只不过是一颗相当普通的恒星。在银河系和整个宇宙中，有几十亿颗与太阳类似的恒星。这一研究结果对于天文学家们来说绝对是一个好消息，因为这意味着我们可以把太阳当作一个现成的实验室来研究恒星的整体特征。由于太阳距离地球只有9 300万英里（149 668 992千米），所以我们可以利用足够的太阳光对太阳进行大量细致的研究。

赤道附近太阳自转一周大约需要25天的时间，在太阳的南北两极，太阳自转一周大约需要35天的时间，这种在不同地区按不同速度完成的自转被称为“较差自转”。

太阳自转的结果是什么？

由于太阳的自转，在太阳的内部形成了磁场，磁场的形成还与强烈的电流有关。太阳进行的自转被称为“较差自转”。在太阳自转的过程中，内部的能量和热量会相互作用，从而导致太阳的磁场线发生弯曲、扭曲、打结甚至断裂，于是便出现了太阳黑子、日珥、太阳耀斑和日冕大爆发等天文现象。

其他的恒星也会发生旋转吗？

所有的恒星在一定程度上都会发生旋转。太阳要自转一周需要花上几周的时间，而其他的恒星每隔几天就可以自转一周。白矮星和中子星等恒星的残余物旋转得更快。一些中子星在一秒钟之内就可以旋转几百圈。

矮星和巨星

什么是褐矮星？

褐矮星是质量非常小的恒星的另一个名称。直到20世纪90年代，科学家们才证明了褐矮星的存在。褐矮星所包含的质量非常小，所以在它们的内部几乎没有发生核聚变反应。尽管这样，褐矮星的质量还是超过了太阳系内任何行星的质量。它们的光球层的温度非常低，所以它们看上去暗淡无光。由于它们释放出来的可见光极少，所以我们只能使用红外望远镜技术来观测它们。自从科学家们发现了褐矮星，红外望远镜和红外天文摄像机在技术方面有突飞猛进。近年来，又有一大批褐矮星被天文学家们发现了。于是，科学家们提出了下面的假说：宇宙中褐矮星的数量要超过宇宙中所有其他类型恒星的数量总和。

什么是红矮星？

红矮星是质量小的主序恒星的别称。与其他类型的恒星相比，它们的温度比较低。在它们的光球层区域，温度大约是6 000 ℉（3 000开尔文）。所以，它们会发出暗红色的光。与绝大多数其他类型的恒星相比，红矮星体积较小且光线较暗。

什么是红巨星？

红巨星这种恒星代表了质量中等和质量较大的恒星所经历的一个演化阶段，这些恒星往往已经结束了生命周期内的主序时期。当一颗像太阳一样的恒星转化为红巨星时，在核心区域内刚刚发生的核聚变过程会突然释放出大量的能量。当恒星的内力与外力之间的平衡状态得到恢复时，恒星实际上已经发生了大规模的膨胀。此时，它的直径大约相当于最初直径

在这幅经过艺术加工的图像当中，我们可以清楚地看到太阳系与褐矮星恒星系统之间的对比状况。（美国国家航空航天局/美国宇航局喷气推进实验室–加州工学院/T.Pyle）

第一颗被人类发现的白矮星是哪一颗？

20世纪早期，天文学家们在研究天狼星（它是地球观测者在夜空中观测到的最明亮的恒星）时注意到，在这颗明亮的恒星附近有一颗很小的伴星。这颗伴星被称为天狼座B星，它在天狼星附近围绕天狼星旋转。天文学家们通过测算这两个天体公用的运行轨道所发生的摆动，得出结论：天狼座B星的质量要超过太阳；天狼座B星的体积要小于地球。天狼座B星是第一颗被人类发现的白矮星。同时，在天文学家们已知的白矮星当中，它是质量最大的星体之一。

的100倍。在极度膨胀的恒星外层结构里，恒星物质的数量已经大不如前，恒星表面（光球层）的温度已经下降到红矮星的水平（大约为6 000 ℉，即3 000开尔文）。太阳命中注定会成为一颗红巨星，现在距离那一天的到来大约还有50亿年的时间。到了那个时候，太阳会吞噬掉水星和金星并将地球毁掉。

什么是白矮星？

白矮星是恒星残余物的一种。质量中等和质量较小的恒星往往会以白矮星的形式结束它们的生命周期。随着核聚变反应产生的能量逐渐减少并最终消失在核心区域内，白矮星会在自身重量的作用下发生衰变。这一过程会一直持续到等离子体内的原子核相互发生碰撞。由于原子的相互碰撞，恒星进一步衰变的进程被终止了。这一状态被称为“电子的衰退”。这一衰变过程将恒星剩余的热量集中在极为狭小的空间内，这时的白矮星发出炙热的白光。与太阳质量相当的白矮星只拥有地球大小的体积。与最初相比，它的直径减小了大约100倍，它的体积大约减少了100万倍。一勺白矮星物质的重量可以达到几吨。

谁首先描述了白矮星的本质？

英国理论物理学家亚瑟·斯坦利·爱丁顿（1882—1944）是当时最杰出的天体物理学家。他首先提出：恒星核心区域内产生的巨大热量阻止了恒星在自身引力的作用下发生衰变。《恒星内部结构》是他所完成的一部重要的著作，他在书中开启了对恒星演变过程的当代理论研究。当许多天文学家还在对天狼座B星的本质感到困惑时，爱丁顿提出了一种解释，这种解释后来被证明是完全正确的。按照爱丁顿的解释，天狼座B星中的物质正处于一种被称为“电子衰退”的状态当中，这是一种在地球上找不到的特殊状态。

谁首先提出某些恒星不会以白矮星的形式结束自己的生命周期？

印度裔美国天体物理学家萨布拉曼扬·钱德拉塞卡（1910—1995）首

这是一幅经过艺术加工的图像，我们在图中看到的是二元星系4U 0614+091。图中可以清楚地看到一颗白矮星的物质被吸入了一颗脉冲星的引力陷阱中。（美国国家航空航天局/美国宇航局喷气推进实验室－加州工学院/R.Hurt）

先提出了这一观点。1936年，钱德拉塞卡受聘在芝加哥大学教书。同时，他还在位于威斯康星州的叶凯士天文台进行科研工作。他在芝加哥度过了相当长的职业生涯。在这期间，他所取得的成绩是非常引人注目的。首先，他在理论天体物理学领域取得了重大进步，这其中就包括对发生在恒星内部和整个宇宙间能量转换的研究。其次，在很长时间内，钱德拉塞卡一直担任《天体物理学杂志》的主编。再次，钱德拉塞卡还发现，在恒星演变的过程中，它们完全可能超越白矮星的阶段并呈现出密度更高的物质状态。上述发现是钱德拉塞卡最著名的发现。钱德拉塞卡被公认为是当时最重要的天体物理学家之一。

什么是钱德拉塞卡极限?

1930年，钱德拉塞卡利用亚瑟·爱丁顿首先提出的相关理论，并结合阿尔伯特·爱因斯坦提出的特殊相对论，计算出当某颗恒星的质量超过一定的极限时，它将不会以白矮星的形式结束自己的生命周期。换句话说，阻止恒星内核衰变的电子衰退现象将会终止，这主要是由于巨大的压力使得电子高速运动，所以电子不会向外部进一步施加压力。在1934—1935年，经过进一步计算，钱德拉塞卡得出结论：当一颗恒星的质量超过太阳质量的大约1.4倍时，它将超越白矮星阶段并被转化为密度更大的物质。这一发现并没有立刻被天体物理学界接受。后来，人们又发现了蟹状星云中的脉冲星，并进一步证明它的体积比任何白矮星要小，它的密度比任何白矮星要大。这样一来，钱德拉塞卡的计算结果最终得到了证实。

什么是蓝巨星?

正如名字所暗示，蓝巨星不仅体积很大而且颜色很蓝。它们通常是主序区域内质量大的恒星。蓝巨星的寿命仅有大约100万年。在经历巨大的超新星爆炸并裂开以前，蓝巨星的亮度相当于太阳的100万倍。

中子星和脉冲星

什么是中子星?

中子星是超新星大爆炸发生以后残留下来的恒星衰变内核。可以说，中子星是物质抵抗引力的最后一道防线。为了能够获得来自天体内部的力量支持，从而避免被挤压成奇点，天体内的中子星会相互挤压，这一状态被称为“中子衰退”。实际上，这一状态与原子核内的状态极为相似。它也是宇宙物质的密度最大的形态。

中子星的密度有多大？

中子星的密度与中子本身的密度大体相当。或者说，虽然它的直径只有大约10英里，但它的密度要超过太阳。这意味着中子星的密度相当于水的密度的10兆倍。一勺中子星物质的重量可以达到大约50亿吨！如果中子星物质与一枚银币相当，而这枚银币与一角钱硬币大小相当，那么这些中子星物质所包含的质量，会超过地球上所有人的质量总和。如果一块中子星物质掉到了地球上，那么它会轻而易举地穿过地球的中心并从地球的另一侧冒出来。之后，它会不断地往返于地球的两侧。这一过程可以延续几十亿年。在这一过程中，地球看上去仿佛根本不存在。最后，我们的地球会变成一个酷似瑞士奶酪的球体。

中子星周围的环境如何？

中子星内的“引力井”非常陡峭。它对附近的空间时间结构所产生的影响

磁星是中子星的一种，由于它们拥有强大的磁场，所以它们的物理环境非常特殊。这些中子星几乎可以被认为是迄今为止人类所发现的磁化程度最高的天体。它们的磁场强度可以达到太阳磁场强度的几万亿倍，这一数值甚至可以达到百万的四次幂。强磁场可以在中子星的内部引发星震。在星震的过程中，大量的伽马射线会喷射到太空当中。

磁星现象是少数已知中子星的生命周期的一个阶段。虽然这一阶段持续的时间较短，但是中子星在这段时间内的能量极高。它们也被称为“软伽马射线再现源”。它们实际上并不是所谓的伽马射线爆发，而很有可能是伽马射线爆发以后残留下来的物质。在快速旋转的高密度恒星的内部有一些超新星，它们可以引发伽马射线爆发。不过，上述假说还没有得到证实。

是非常明显的，这些天体看上去发生了扭曲或错位；它们的颜色由于引力的作用发生了红移。如果物质掉入了中子星当中，就好比物质掉入了黑洞之中。这时，物质虽然不会永远消失，但是却会变得发热，它们会释放出X射线、紫外线辐射或无线电波。当中子星发生旋转时，它的磁场强度相当于地球磁场强度的几十亿倍，从而导致了极强的能量效应和辐射效应。

什么是脉冲星？

当中子星发生旋转时，它的旋转速率有时快得惊人，可以达到每秒几百圈。于是，一个强度相当于地球磁场几十亿倍的磁场形成了。如果该磁场与附近的带电物质发生了相互作用，就会以辐射的形式向太空释放大量的能量，这一过程被称为“同步辐射”。在这一过程中，中子星表面的任何一点点崎岖或其他特征都会在它所释放的辐射中产生明显的“反射脉冲”或“脉冲”。中子星每旋转一周，辐射脉冲就会出现一次。具有上述特征的天体被称为脉冲星。

谁首先发现了脉冲星？

20世纪60年代，剑桥大学天文学专业的毕业生乔斯林·苏珊·贝尔·布奈尔（1943—　）和她的导师安东尼·休伊什（1924—　）在天文研究中使用了大型无线电望远镜。这台巨型无线电望远镜是由天线构成的，这些天线稀疏地分布在4英亩（16 187.4平方米）的表面上，在它们之间有电线相连。这台无线电望远镜可以发现由于能量的瞬间变化所产生的微弱信号，并把它们记录在长长的卷纸上。1967年，贝尔·布奈尔注意到望远镜记录了一些奇怪的信号：太空的特定区域会定期发出无线电脉冲信号。她还发现了4个脉冲信号源。这些脉冲信号源之所以非常神秘，是由于人类此前发现的无线电信号是连续的。于是，贝尔·布奈尔和休伊什提出了下面的假说：这些高速旋转的“脉冲星”都是白矮星或中子星。这些天体最终被证明是中子星。

迄今为止，人类已经发现了多少颗脉冲星？

截至2008年，人类已经在整个宇宙中发现了一千多颗脉冲星。在这些脉冲

星当中，也许最著名的就是蟹状星云脉冲星。它位于蟹状星云的核心区域，是1054年被人类发现的一颗超新星的残余物。它每33毫秒会产生一次脉冲波。一个质量与太阳相当的天体在每秒内会旋转三十多圈，这简直是令人无法想象的。

能够产生辐射的恒星

▶ 什么是“X射线恒星”？

正如名字所示，“X射线恒星”会释放出大量的X射线辐射。与地球上的射线源相比，太阳和绝大多数其他典型的恒星，会释放出大量的X射线。虽然太阳释放了一定比例的X射线，但是这一比例实际上是非常小的。X射线恒星所释放出的X射线要比可见光辐射多出几千倍。

X射线恒星几乎都是二元恒星系统或多元恒星系统。星系内的两颗恒星或多颗恒星之间的相互作用会导致强烈的X射线辐射。在相互作用的恒星当中，必然有一个像白矮星、中子星或黑洞这样的天体，它的密度极大。天文学家们通常把X射线恒星系统分为两大类，即“低质量X射线双星（LMXRB）”和“高质量X射线双星（HMXRB）”。

▶ “低质量X射线双星”和“高质量X射线双星”之间有什么区别？

正如它们的名字所示，“低质量X射线双星”的质量较低，一颗白矮星通常成为密度极高的伴星。相比之下，“高质量X射线双星”是由质量较高或极高的恒星构成的，密度极高的伴星通常是中子星或黑洞。虽然它们都会释放出大量的X射线辐射，但它们的光谱特征是截然不同的，这主要是由于质量的差异引起了物理条件的差异。

▶ 人类所发现的第一颗X射线双星是哪一颗？

人类利用1962年发射到太空中的X射线望远镜捕捉到了第一批来自天文

X射线双星如何帮助人们发现了第一个被证明确实存在的黑洞？

在天鹅星座方向有一个能量最大的X射线源，它被称为天鹅座X-1。在它被发现以后，天文学家们进一步利用各种观测方法来研究这个令人感到莫名其妙的天体。他们发现，天鹅座X-1是一个能量极高的X射线双星，但是位于二元星系内的密度极高的天体却无法被观测到。除此之外，对二元星系内的另一颗恒星运动的测算结果表明：这个紧密的组成部分在质量方面已经远远超过了白矮星和中子星的理论极限。实际上，二元星系内的另一颗恒星的质量是非常大的。最终，大量有说服力的证据表明，天鹅座X-1包含了一个至少相当于太阳质量10倍的恒星黑洞。

X射线源的X射线。这些射线看上去来自天蝎星座的方向。但是，天文学家们无法准确地描述出它们到底来自天蝎星座的哪个区域。这个射线源被命名为天蝎座X-1（代表了天蝎星座方向能量最多的X射线源）。随着时间的推移，天文学家们利用更好的观测技术进行了更为细致的观测，结果证明，这些X射线来自一个X射线二元星系。

什么是极星？

与“北极熊（polar bear）”这个短语中的“polar”一词的含义不同，我们这里所说的“极星（polar）”是指一种能够发出大量极化光线的恒星。在太空中，当数不清的透明尘埃微粒在强磁场的作用下排成一条直线并面向同一个方向时，这时的光线就被极化了。这些尘埃微粒就像一面巨大的显微镜镜面一样将极化的光线按照一定的比例反射回来。通过在数量和方向两个方面对比已经极化的光线与尚未极化的光线，天文学家们可以断定恒星周围的超级强大的磁场

的物理结构。极星的出现与强大的磁场的存在有着直接的联系。

后来天文学家们证明：极星实际上是二元恒星系统，它们既包括经历了剧烈变化的变星，也包括低质量X射线双星。产生极星现象的磁场的强度相当于太阳磁场强度的几百万倍至几十亿倍。正是强烈的磁场引发了二元星系内有趣的物理变化结局。

什么是伽马射线爆发？

几乎在每一天都会有一批伽马射线辐射从太空的深处抵达地球。一些伽马射线爆发出现在银河系的内部，另一些伽马射线爆发出现在遥远的其他星系。据观测，某些伽马射线爆发距离地球超过100亿光年。伽马射线是能量最强的电磁辐射，恒星很少会释放出大量的伽马射线。

一些伽马射线爆发，特别是来自银河系内部的伽马射线爆发，看上去是由发生在二元恒星系统内部某种强烈的爆炸所引起的。在通常情况下，这些系统内的一颗或两颗恒星是密度和质量都非常大的恒星残余物，如白矮星、中子星或黑洞。发生在遥远星系内部的伽马射线爆发是由中子星之间的碰撞、黑洞之间的碰撞以及中子星和黑洞之间的碰撞所引起的。另外，当作为超新星的一颗质量巨大的恒星在高速旋转时发生爆炸，恒星的衰变效应与旋转效应会形成叠加效应。最终，两束能量和密度都非常大的伽马射线会喷向太空。这些伽马射线所携带的辐射要超过太阳在几百万年乃至几十亿年所产生的辐射。

二元恒星系统

什么是双子星？

双子星是天空中距离非常近的一对恒星，这对恒星看上去有着紧密的联系。一些双子星被称为“视双子星”。“视双子星”之所以看上去彼此非常接近，主要是因为我们的观测角度。实际上，它们在物理结构方面没有任何联系。形成二元恒星系统的两颗恒星在物理结构方面有着一定的联系。具体说来，这两颗恒星往往会彼此围绕对方进行旋转，而且拥有相同的引力中心。

在物理结构方面有一定联系的双子星可以再被细分为几大类，具体包括：目视双星、天测双星、食双星和分光双星。目视双星是用肉眼或通过望远镜都可以清晰观测到的双星。天测双星是指在视觉上无法区分的双星，不过一颗恒星的运行轨道的摆动正说明另一颗恒星正在围绕这颗恒星进行运转。食双星中的一颗恒星的运行轨道平面几乎沿着我们视线的边缘，所以这两颗恒星会轮流隐藏在另一颗恒星的背后，从而被部分或完全地遮挡住。针对分光双星，天文学家们可以通过分光测量发现它们的多普勒位移和其他光谱特征，并最终确定它们的存在。

如果有三四颗恒星彼此围绕对方进行旋转，并拥有共同的引力中心，这时就形成了多元恒星系统。当然，在长期稳定的运行轨道内出现多元恒星系统的概率是极小的。

天文学家们已经了解到，出现在双子星周围成熟稳定的行星星系是非常普遍的，所以他们就绘制了上面这幅经过艺术加工的图像。不过，这幅图像显然并没有我们想象的那么奇特。（美国国家航空航天局/美国宇航局喷气推进实验室-加州工学院/R.Hurt）

谁首先绘制了双子星的星表?

生活并工作在英国的德国天文学家威廉·赫舍尔绘制出包括848对双子星的星表。这一星表证明了恒星之间也存在引力,这一结论与牛顿的观点是一致的。赫舍尔还提出了下面的假说:恒星最初在宇宙中杂乱无章地分布着,后来随着时间的迁移,它们渐渐地开始成对分布或成群分布。

二元恒星和多元恒星究竟有多么普遍?

在太阳所在的银河系,至少有一半的恒星已经被证明是二元恒星系统和多元恒星系统。当然,对于二元恒星系统和多元恒星系统所占的实际准确比例,天文学家们还不得而知。不过,它已经成为前沿科学研究领域内的一个研究课题。当然,这一比例实际上是相当高的。所以,当天文学家们研究恒星的诞生和生命周期时,它是需要考虑的一个重要因素。

什么是武仙AM型星?

"武仙AM型星"是一种特殊的双子星。它是以第一个被人类发现的此类天体的名字来命名的。从本质上说,它是具有极强磁场的极星。分布在白矮星周围的磁场极为强烈,它会使作为伴星的主序恒星发生扭曲,并最终变成形状像鸡蛋一样的物理结构。同时,它还会使整个系统的轨道同步,从而使恒星的同一个侧面总是面向白矮星。"武仙AM型星"实际上是一种能量极高且变化剧烈的变星。

什么是激变变星?

激变变星是定期在一颗恒星的表面发生剧烈爆炸的二元恒星系统。通常情况下,激变变星会包括一颗白矮星和一颗主序恒星。由于发生膨胀,主序恒星的体积显得更为庞大。来自主序恒星的物质会流向白矮星的表面。当附着在白矮星表面的物质达到一定的质量极限时,热核反应就会引起剧烈的爆炸。

然而，这颗恒星并没有被摧毁。在经历了亮度的急剧增加以后，由附着过程和爆炸过程构成的循环会重新开始。在这期间，有时会经历几小时，有时会经历几个世纪。

一种特殊的激变变星被称为“经典新星”。在这里我们并不想把它和超新星混淆。从本质上说，超新星实际上是毁掉恒星的一种爆炸。虽然“经典新星”的体积不是那么庞大，但是它们的能量同样非常惊人，它们给人们留下的印象同样非常深刻。

太阳也拥有一颗双子星伴星吗？

虽然人们从来没有发现过太阳的双子星伴星，但是在太空的遥远区域内仍然有可能有一颗光线非常暗淡的恒星正在围绕太阳系进行运转。同样的道理，比邻星这颗半人马座阿尔法C星正在围绕半人马座阿尔法A星和半人马座阿尔法B星进行旋转。这一观点已经被体现在通俗的科幻小说中。有人给太阳这颗小伴星起名叫“尼弥西斯”。在古希腊神话中，“尼弥西斯”是负责复仇的正义女神，她也被称为“黑夜的女儿”。根据一些人提出的假说，这颗伴星会偶尔改变遥远的彗星的运行轨道，并使它们飞向太阳系的中心从而撞击到地球。不过，目前人们还没有找到任何科学证据来证明这种观点。

什么是造父变星？

与激变变星不同的是，造父变星并不是双子星。相反，它们是一些单个的恒星。它们的体积会随着光度的变化而变大或变小。由于发生在内部的物理变化，它们会发出脉冲信号。在研究宇宙的过程中，造父变星发挥着重要的作用。通过研究它们的脉冲信号我们发现，它们的亮度变化与它们的变化周期存在着某种联系。所以，天文学家们把造父变星当作确定天体距离的

"量天尺"。

什么是天琴RR型恒星?

与造父变星一样,天琴RR型恒星也会由于内部的物理变化发出脉冲信号。它的亮度变化与它的变化周期也存在着某种联系,所以它也可以被当作确定天体距离的"量天尺"。实际上,天琴RR型恒星被当作"量天尺"要早于造父变星。它们帮助天文学家们确定了银河系的体积。当时,天文学家们主要测算了围绕银河系的中心进行旋转的恒星星群的距离。当然,作为"量天尺",天琴RR型恒星并没有造父变星那么出名,这主要是因为它们要比造父变星暗淡一些,所以在测量较远的距离(例如,星系间的距离)时,它们的用处没有造父变星大。不过,由于天琴RR型恒星的历史更为久远,所以在研究更为古老的恒星系统时它们有着独特的价值。

为什么天琴RR型恒星和造父变星会发出脉冲信号?

天琴RR型恒星和造父变星之所以会发出脉冲信号,主要是由于它们的光度和温度恰好可以使它们的内部物理环境摆脱平衡状态。这些恒星会在一段时间内向外喷发物质并变得明亮起来。同时,它们内部的核聚变反应也会减缓,它们的体积也会随之变小,它们的温度也会逐渐降低。当它们的衰变过程达到了某个重要的极限时,强烈的核聚变活动会引起新的爆发,很快这些恒星又开始向外喷发物质。对于天琴RR型恒星,每一次经历从明亮到昏暗再到明亮的循环过程,需要几小时至几天的时间。对于造父变星而言,要经历同样的循环过程,需要几星期至几个月的时间。

星　团

什么是星团？

宇宙中的恒星总是成群地分布，于是就形成了星团。星团与星座的不同之处在于星团中的恒星不仅仅看起来结合在一起，而且这些恒星在物理结构方面也拥有紧密的联系。最著名的星团是球状星团和疏散星团。

星团是如何形成的？

根据目前的理论和观测结果，星团几乎都是由一个体积庞大的气体云演变而来的。星团中的恒星也是在相对很短的时间内（从几千年至几百万年）形成的。疏散星团是相当年轻的天体结构。至多经过几亿年或几十亿年的时间，疏散星团就会由于内部恒星杂乱无章的运动渐渐地消散。相比之下，球状星团的物理结构更加紧密，它们的寿命可以达到上百亿年。

什么是疏散星团？

疏散星团的出现频率更高，它们的形成时间更短，它们的体积比球状星团要小，它们通常包含了几十颗恒星到几百颗恒星，它们往往没有任何形状。正如名字所示，它们看上去更加不规则、更加疏散。

一共有多少个疏散星团？

人类在银河系内已经发现了一千多个疏散星团。也许还有更多的疏散星团无法被我们观测到，这主要是由于在银河系内存在云层的遮挡，这些云层往往是由布满尘埃的气体所构成的。

著名的疏散星团有哪些?

在南半球,“珠宝盒星团”是一个特别美丽的疏散星团,它看上去好像包含了许多五颜六色的发光恒星。在北半球,毕星团(也被称为蜂窝星团)是一个著名的疏散星团。在毕星团的偏东方,在金牛座的方向有个星团叫“昴宿星团”,这个星团也被称为“七姊妹星团”,它可能是夜空中最著名的疏散星团。

著名的星团有哪些?

表8中列出了一些比较著名的星团。

表8　一些著名的星团

星团名称	在列表中的名称	星团类型
杜鹃座47	NGC 104	球状星团
蜂窝星团	梅西耶44	疏散星团
圣诞树星团	OC NGC 2264	疏散星团
武仙座星团	梅西耶13	球状星团
毕星团	梅西耶25	疏散星团
珠宝盒星团	NGC 4755	疏散星团
梅西耶3	NGC 5272	球状星团
奥米伽半人马座	NGC 5139	球状星团
昴宿星团	梅西耶45	疏散星团
猎户四边形星团	猎户座四合星	嵌入式星团

什么是昴宿星团?

昴宿星团是一个距离地球大约400光年的疏散星团。它包括几十颗恒星,其中最亮的七颗恒星(分别叫做昴宿六、阿特拉斯、伊莱克特拉、迈亚、墨洛珀、泰革塔和普勒俄涅)很容易用肉眼观测到。这些恒星嵌入一个狭小明亮的反射星云当中,所以这个疏散星团很容易被观测到。在欧洲和美国,昴宿星团也被称

昴宿星团。（美国国家航空航天局/美国宇航局喷气推进实验室－加州工学院/J.Stauffer）

为“七姊妹星团”。在许多国家的古代文化当中，都有关于“七姊妹星团”的神话传说和天文知识。

▶ 在古代，人们如何利用昴宿星团来确定季节和日历的周期变化？

在许多国家的古代文化当中，昴宿星团都与四季的更替密切相关。这是因为在地球北半球的春季，人们可以在黎明时分观测到昴宿星团；在地球北半球的秋季，人们可以在日落时分观测到昴宿星团。于是，昴宿星团就成为播种时节和丰收时节的象征。墨西哥的阿兹台克人根据昴宿星团的位置确定了52年的日历周期。每当昴宿星团上升到天顶的正上方时，阿兹台克人就会开始一个新的历法周期。在那一天的午夜，阿兹台克人会精心准备一个仪式来庆祝这一时刻的到来。

在昴宿星团的背后有哪些有趣的神话传说？

根据希腊神话中的一个故事，昴宿星团代表的是阿特拉斯的妻子普勒俄涅以及阿特拉斯的女儿们。阿特拉斯也被称为提坦（由于背叛了其他的神，提坦不得不接受惩罚，他必须用自己的肩膀来支撑整个地球）。当阿特拉斯的7个女儿被猎户追赶时，宙斯帮助她们逃生。他先把她们变成了鸽子，然后让她们逃脱了猎户的追赶。最后，宙斯又让她们升上天空并变成了恒星。

在地球的另一面，在澳大利亚的土著文化当中，也有关于昴宿星团的神话传说。根据这个神话传说，这些恒星实际上代表了一群妇女，这群妇女被一个名叫库鲁的男人追赶。两个被合称为Wati-kutjara的蜥蜴人来营救这群妇女。他们向库鲁扔去了回飞棒，杀死了库鲁。库鲁的血液一点一点地从他的面部流干了，他变成了白色并升入空中成为月亮。那两个蜥蜴人变成了双子星座，那群妇女变成了昴宿星团。

什么是球状星团?

在球状星团的内部,恒星几乎成圆球形进行分布。球状星团的直径为几十光年至几百光年。它们包含恒星的数目从几千到几百万不等。这些恒星聚集得相对紧密,它们是由于受到了共同的引力才聚集在一起的,绝大多数的恒星会集中分布在星团的中心区域内。G1星团围绕仙女星系进行旋转,通过研究G1星团这个实例我们发现,在球状星团的核心区域内好像有一个黑洞。

一共有多少个球状星团?

每一个体积较大的星系都有自己的球状星团系统。在银河系的周围,有150~200个球状星团。围绕仙女星系旋转的球状星团的数目大约是上面提到的数字的两倍。仙女星系是离我们最近的巨型星系。在一些巨大的椭圆星系的周围,分布着成千上万的球状星团。

球状星团的年龄有多大?

根据目前人们在天文研究的过程中所获得的证据,一些球状星团可能是形成于宇宙早期最古老的恒星复合体。天文学家们通过研究星团的颜色和星等得出了结论:一些星团的年龄至少有120亿年,这一年龄可以与目前观测到的最遥远星系的年龄相当。

M80是一个球状星团,它距离地球2.8万光年。它包含了几十万颗恒星。(美国国家航空航天局,哈勃望远镜珍藏小组,太空望远镜科学研究所,美国大学天文联盟)

著名的球状星团有哪些?

在北半球,利用双筒望远镜和小型望远镜可以很容易观测到大力神星团。在南半球,人们用肉眼

在夜空中可以很容易观测到两个著名的星团，它们分别是，杜鹃座47和奥米伽半人马座。

▶ 巨型星团与小型星系之间的区别是什么？

多年以来，天文学家们一直在试图回答这个问题。像杜鹃座47和奥米伽半人马座这样的星团大都包含了几百万颗恒星。许多矮星系也同样包含了数量可观的恒星。所以，当我们给这种规模的恒星复合体进行分类时，我们很难明确地说出界定星团的终点和界定星系的起点。也许星团和星系在直径和暗物质含量两个方面有着明显的区别。如果真是这样的话，那么天文学家们就可以区分星团和星系这两种天体了。

五 太阳系

行 星 系 统

什么是行星系统?

行星系统是由位于一颗恒星附近的若干天体构成的系统,它包括像行星、小行星、彗星和星际尘埃等天体。从更广义的角度来看,它还包括恒星本身、恒星的磁场、恒星表面的恒星风及电离边界和冲击波界面等物理效应。

我们自己所在的行星系统叫什么?

太阳是我们所在的行星系统的引力支柱。英文中的“solar”一词可以用来修饰任何与太阳有关的事物。所以我们把自己所在的行星系统称为“solar system”,即太阳系。天文学家们经常会把其他的星系系统也称为“solar system”,显然从纯技术的角度来看这种叫法是不正确的。

太阳系是如何形成的?

太阳系的形成过程遵循了所谓的星云假说的基本原理。这个假说是皮埃尔-西蒙·德·拉普拉斯(1749—1827)在18世纪时提出来的,该假说在当时是极为先进的理论。太阳是在大约

46亿年以前从一个体积巨大的星云演变而来的，这个由气体和尘埃构成的星云由于引力的变化而发生了衰变。在太阳刚刚诞生的时候，并非星云中所有的物质都被转移到太阳上了，其中的一些物质落入了一个由旋转物质构成的盘状物当中。随着这些物质在原行星盘的表面不断地旋转，细小的颗粒之间会不断地发生碰撞，从而导致一些颗粒结合在一起并形成了体积更大的天体。几百万年以后，体积最大的天体，也就是小行星体，由于拥有足够的质量产生了足够的引力，它们开始把盘状物中的其他天体吸引过来。随着它们的体积越来越大，它们最终演变成原行星。体积最大的原行星会进一步膨胀直到至少形成一颗行星。尽管太阳风已经清除了大量剩余的未经过加工的气体和尘埃，但数不清的体积较小的天体（也包括一些气体和尘埃）直到今天依然存在。所以，人们才能在大约46亿年以后欣赏到多种多样的天体和天文现象。

在这幅经过艺术加工的图像当中，一颗恒星被一些物质所包围，这些物质将来最终会组合在一起并形成围绕这颗恒星旋转的多颗行星。（美国国家航空航天局/美国宇航局喷气推进实验室–加州工学院/T.Pyle）

我们的太阳系究竟有多大？

太阳系可以延伸到达最遥远的行星海王星的运行轨道所在的地点，这一地点距离太阳大约30亿英里（50亿千米）。在海王星的外侧，有一个厚厚的星云叫做“柯依伯带”。这个星云是由许多体积较小的冰冷的天体构成的，形状很像油炸圈饼。它会延伸到距离太阳大约80亿英里（120亿千米）的地方。在“柯依伯带”的外侧，还有一个奥尔特星云。这个体积庞大的厚厚的星云被认为包含了几万亿颗彗星和彗星体，它的形状很像一个圆圆的贝壳。奥尔特星云的延伸范围可以达到1光年，或者说，它距离太阳将近6万亿英里（9 656亿千米）。

关于太阳形成过程的星云假说的科学起源是什么？

最初的星云假说是由德国哲学家伊曼努尔·康德（1724—1804）在1755年左右提出来的。这一假说后来被法国数学家和科学家皮埃尔-西蒙·德·拉普拉斯进一步加以完善。它实际上与当代的太阳形成理论非常类

在太阳系的外面还有小行星体和原行星吗？

既然人们已经确认在太阳系的外面还有二百多颗行星正在围绕其他的天体进行旋转，那么在太阳系的外面就有可能存在小行星体和原行星。毫无疑问，这样的天体会存在于恒星周围的原行星星云当中。一个典型的例子就是位于绘架座β星周围的盘状物，这个盘状物是由气体和尘埃构成的。红外线天文卫星（IRAS）和斯必泽太空望远镜等红外望远镜观测到的结果显示，有几十颗恒星被蚕茧状的星云所包围，这些星云是由密度极高的尘埃气体构成的，在这个区域内最有可能出现原行星的吸积现象。

似，但是在关于行星形成的方式方面两者有着不同的观点。拉普拉斯认为，太阳形成了一个旋转的星云，随着这个星云不断向着太阳的方向发生收缩，它会释放出气体环。环状物中的物质会由于引力的吸引和物质的碰撞被压缩成行星。1796年，拉普拉斯在《宇宙体系论》一书中将新版的星云假说公之于众。虽然它的某些细节并不准确，但是这一理论在天体物理学刚刚形成的时期还是具有开拓性意义的。

▶ 什么是小行星体？

小行星体是形成于太阳系早期的天体。它们的直径为0.6～60英里（1～100千米）。与自然科学中的许多术语一样，这个术语的定义也不够准确。从更广义的角度来看，小行星体是指位于原行星星云中的某些天体，这些天体是由于碰撞而产生的，它们开始通过施加引力的影响来吸积更多的物质。

▶ 什么是原行星？

原行星也是形成于太阳系早期的天体。它们的直径为60～6 000英里（100～10 000千米）。与“小行星体”和自然科学中的许多其他术语一样，这个术语的定义也不够准确。从更广义的角度来看，原行星是指位于原行星星云中的某些天体，这些天体的体积非常庞大，它们可以通过引力吸引体积更小的其他天体，从而不断地增加自己的体积和质量。

▶ 太阳系有哪些主要的区域？

科学家们一般会将太阳系划分为5个主要区域，它们分别是内层行星区域（地球所在的区域）、小行星带、（由气体构成的庞大的）外层行星区域、“柯依伯带”和“奥尔特星云”区域。在这些区域之间没有确切的界限，它们的体积也无法被准确地界定。某些来自一个区域的天体经常会出现在另一个区域内。所以，从某种意义上说，各个区域之间存在着重叠部分。

关于行星的基础知识

▶ 什么是行星?

很多个世纪以来，人们一直在尝试给“行星”下一个准确的定义。但是，直到今天，科学界在关于“行星”的科学定义方面尚未达成共识。不过，总的来说，行星是指那些不是恒星的天体。或者说，在行星的内部不可能发生核聚变反应。此外，行星要在一定的轨道内围绕一颗恒星进行旋转，绝大多数的行星是圆的，这主要是由于自身的引力会或多或少地将它们塑造成球体的形状。

▶ 太阳系内的行星一般具有哪些特点?

根据目前的科学分类体系，太阳系的所有行星必须满足三方面的基本标准：

1. 这颗行星必须处于流体静力学的平衡状态。也就是说，在它的内在引力与支撑结构的外在推力之间一定存在平衡关系。处于这种平衡状态的天体几乎都是球形天体或接近球形天体的形状。

2. 这颗行星的主要运行轨道必须围绕太阳。这意味着像月球、土卫六和木卫三这些天体都不是行星。虽然由于流体静力学的平衡状态这些天体也是圆的，但是它们的主要运行轨道所围绕的是行星。

3. 这颗行星必须将它的运行轨道内的其他体积更小的天体清理干净，并成为它所在的运行环境中体积最大的天体。这意味着冥王星不是一颗行星，虽然它已经满足了其他两个方面的标准。在冥王星的运行轨道内有成千上万的“似冥王星”。此外，冥王星还要穿越海王星的轨道平面，而相比之下海王星的质量和体积要大得多。

满足了全部上述3个标准的太阳系内的天体分别是：海王星、天王星、土星、木星、火星、地球、金星和水星。

目前普遍公认的太阳系八大行星（从左上方开始按顺时针方向排列）分别是：水星、金星、地球（同时可以看到月球）、火星、木星、土星、天王星和海王星。（美国国家航空航天局）

由谁来最终确定某个天体到底是不是行星?

在过去的大约两个世纪里,国际天文联合会一直是世界上确定各种正式天文标准的权威机构。在国际天文联合会工作的都是专业的天文学家。像小行星、彗星和行星等天体的正式名称,都要首先提交给国际天文联合会的专业术语委员会,然后由该委员会批准或否决天体的命名方式。国际天文联合会还成立了一个特别委员会来确定对太阳系内的行星进行分类的标准。目前,天文学家们已经意识到,对冥王星及“柯伊伯带”内的其他天体的命名方法应该更加科学、更加理性。

太阳系内行星的质量、运行周期和位置是怎样的?

在表9中列出了关于太阳系内行星的基本信息。

表9　太阳系内的行星

名　字	质　量	直　径	与太阳之间的距离	运行周期
	(相当于地球质量的倍数※)	(相当于地球直径的倍数※※)	(单位:天文单位※※※)	(单位:年)
水　星	0.055 3	0.383	0.387	0.241
金　星	0.815	0.949	0.723	0.615
地　球	1	1	1	1
火　星	0.107	0.532	1.52	1.88
木　星	317.8	11.21	5.20	11.9
土　星	95.2	9.45	9.58	29.4
天王星	14.5	4.01	19.20	83.7
海王星	17.1	3.88	30.05	163.7

※ 一个地球质量等于5.98×10^{24}千克。

※※ 一个地球直径等于12 576千米。

※※※ 一个天文单位(AU)相当于太阳与地球之间的距离,大约为1.5 × 108米。

目前正式的行星分类体系是什么样的？

2006年8月24日，国际天文联合会大会批准了正式的太阳系行星分类体系。在这一体系中，对天体成为行星的基本标准增加了一个条件，即这个天体必须将运行轨道和运行环境内的其他体积较大的天体通过引力作用或碰撞清理干净。这一体系还提出了"矮行星"这一全新的概念。这些"矮行星"除了不能满足新增加的条件以外，可以满足行星构成标准的其他所有条件。当然，同以前使用过的分类体系一样，新的分类体系也有自身的优点和缺点。不管怎么说，它的提出为人们进一步了解行星提供了一个全新的起点。

根据目前的分类体系，科学界公认在太阳系内存在八大行星，它们分别是：水星、金星、地球、火星、木星、土星、天王星和海王星。同时，太阳系还包括许多矮行星，它们包括：冥王星、冥卫一、谷神星、阋神星和夸奥尔星。

以前的行星分类体系是什么样的？

以前的行星分类体系主要根据人类在历史上获得的关于行星的知识和行星的体积对行星进行分类。今天太阳系内公认的八大行星，再加上冥王星，在当时都被天文学家们认为是比较庞大的天体。当时，在天文学家们看来，这9个天体的体积至少要比月球的体积大。其他已知的主要围绕太阳运行的直径小于2 000英里（3 218.688千米）的天体被统称为小行星。所以，在2006年8月24日以前，国际天文联合会一直将冥王星列为第九大行星。不过，这已经是过去的事情了。

在将冥王星从太阳系主要行星的行列去掉以前，天文学界是否还进行过针对行星的重新分类？

答案是肯定的。而且在将来的某一天，这种重新分类一定还会进行。在古代，"行星"是指任何以恒星作为背景，自由自在地在天空中运行的天体。这意味着行星应该包括太阳、月球、水星、金星、火星、木星和土星。随着时间的流逝，18世纪后期人类发现了天王星，于是人们将太阳和月球从主要行星的列表中去掉。19世纪，人们一度将围绕太阳运行的差不多12个小型天体归类为行星，后来人们又重新将它们界定为小行星。但是,海王星被保留在主要行星的列表中。在历史上,冥王星是最后一个进入主要行星列表的天体。

▶ 针对行星的非正式分类方法有哪些?

根据非正式的分类方法,我们可以将太阳系内的行星归类为:类地行星、气体巨行星、主要行星、次要行星、内部行星、外部行星和冷行星等。请不要忘记,人们已经在太阳系以外发现了二百多颗行星。所以在非正式的分类方法中,人们还会经常使用“系外行星”“热木星”和“流浪行星”等概念。

▶ 什么叫行星环?

行星环是由大量的小型天体构成的系统。它们的体积小至一个沙粒,大至一个房屋。它们在一个内置的环形结构内围绕行星进行运转。太阳系内最壮观的行星环出现在土星的周围。它们的直径可以超过17万英里(273 588.48千米),它们的厚度通常少于1英里(1.609 34千米)。

内 太 阳 系

▶ 内太阳系包括哪些行星?

内太阳系包括的行星有:水星、金星、地球和火星。

▶ 什么是类地行星区域,在这一区域内包括哪些天体?

类地行星区域通常被当作太阳系的一部分,它主要包括:水星、金星、地球和火星。由于它们在物理结构方面非常类似,而且其他3个天体与地球在物理结构方面特别相似,所以这4个天体被称为类地天体。这里所说的物理结构主要是指以下3个方面:金属的内核、岩石覆盖物和薄薄的地壳。类地行星区域也

有3颗卫星，它们分别是：月球和火星的两颗卫星火卫一、火卫二。

水星具有哪些物理特性？

水星的直径相当于地球直径的1/3多一点。它的质量仅仅相当于地球质量的5.5%。平均来看，水星距离地球5 800万千米（3 600万英里）。由于它离太阳太近了，以至于它的运行轨道发生了倾斜和延伸，最终形成了长长的椭圆形。水星围绕太阳的运行周期仅仅为88天，这里所说的“天”是按照地球上的标准。水星上的一天大约相当于地球上的一天的59倍。这里所说的“水星上的一天”，实际上是指水星围绕旋转轴旋转一周所需的时间。

水星的表面分布着许多深深的陨石坑，在这些陨石坑之间还分布着许多平原和高耸的悬崖。水星上没有绝对的液态水。水星表面最明显的特征是一个被称为“卡洛里盆地”的古代陨石坑，它的面积大约相当于新英格兰州的5倍。在体积这么小的行星上，它的确算得上一个巨大的陨石坑。水星稀薄的大气层主要包括钠、钾、氦、氢等化学元素。在面向太阳的一面，它的温度可以达到800 ℉（430℃）；在背向太阳的一面，热量会从可以忽略不计的大气层中逃逸出去，这里的温度会直线下降到－280 ℉（－170℃）。

这是1974年“水手9号”卫星上的摄像机拍摄到的一幅水星的图像。（美国国家航空航天局）

从地球上很容易看到水星吗？

由于水星离太阳非常近，太阳光使人们在地球上很难观测到水星。所以，人们只能定期地对水星进行观测。水星一般会在日出之前或日落之后出现在地平线以上，但是这一过程至多会延续1小时左右的时间。它在天空中的运行速度比其他行星快。即使在水星可以被观测到时，由于夜空非常明亮，我们也很难将它与天空背景中的其他星星区分开。

水星拥有怎样的历史？

天文学家们认为，水星和月球一样，最初也是由液态的岩石构成的。后来，随着这颗行星不断地冷却，这些岩石逐渐地变成了固态。在行星的冷却阶段，一些陨石撞击了行星，从而形成了大量的陨石坑。其他一些陨石穿过了冷却的地壳。撞击使得岩浆流出了地表，将一些历史更为久远的陨石坑覆盖住，并形成了平原。

金星具有哪些物理特性？

金星与地球在许多方面非常类似。在主要行星当中，金星离地球最近。它在体积和物质构成方面也与地球非常类似。然而，金星在表面特征方面与地球却截然不同。

金星上的一年相当于地球上的225天，而金星的旋转方向与地球的旋转方向正相反。所以在金星上，太阳从西方升起，从东方落下。除此以外，金星上的一天相当于地球上的243天，金星的一日甚至要比金星的一年时间长。

金星的表面环境与地球的表面环境截然不同，金星被一个厚厚的大气层所笼罩着，金星大气层的密度几乎相当于地球大气层密度的100倍。金星主要是由二氧化碳、氮气、少量的水蒸气、酸性物质和重金属构成的。金星的云彩中还包含少量的有毒的二氧化硫。它的表面温度可以急剧升高到900 ℉（500℃）。有趣的是，虽然水星离太阳更近，金星的温度却远远高于水星。由于金星的表面直到今天还存在逃逸温室效应，金星表面的物理环境非常恶劣。

什么是逃逸温室效应？

在金星的表面，温室效应会“逃跑”。被困在金星大气层内的热量会导致金星的表面温度急剧升高。于是，岩石地壳开始释放出二氧化碳等温室气体。由

于大气层具有隔热的功能，大气层会变得越来越厚，从而导致更多的热量被困在金星大气层内。金星的表面温度会继续升高，更多的温室气体会被释放出来。在最终达到热量平衡状态以后，金星就成为今天这颗炙热的行星。

金星的表面是什么样的？

金星的岩石表面看上去到处分布着火山。其中的一些火山可能仍然是活火山。金星的表面到处分布着典型的火山地貌，例如：由熔岩构成的平原、看上去很像干涸的河床的沟壑、高高的山脉以及一些面积中等和较大的陨石坑。由于体积较小的陨石无法穿过金星厚厚的大气层，所以在金星的表面不存在体积小的陨石坑。金星表面还分布着特别有趣的蜘蛛网状地质结构。这些圆形地质结构的直径为30～140英里（50～220千米）。在这些蜘蛛网状地质结构中，到处分布着同心圆结构和向外延伸的“辐条”。

正如名字所示，温室效应通常发生在拥有大气层的行星上。由于温室效应，行星的表面温度会比没有大气层的情况下更高。在地球上的温室当中，透明的玻璃墙、玻璃门或玻璃屋顶会将太阳光的可见光部分吸收进来，这部分光线照射到温室内的物体上并被转化为热量。当热量试图以不可见的红外辐射的形式逃离温室时，它们受到了玻璃的阻挡。于是，温室内的热量越聚越多，温室内的温度显然会比外面的温度高得多。当温室效应发生在一颗行星上时，在那颗行星大气层内的气体会阻止红外辐射离开行星的表面。这时，大气层内的气体就相当于温室内的玻璃。二氧化碳和水蒸气是典型的温室气体。有些行星的大气层不但厚度非常大，而且包含了大量的上述温室气体。于是，它们的温度会比没有温室气体的情况下高得多。

麦哲伦轨道卫星收集到的金星图片显示，从地质学的角度来看，金星表面的年龄还相对比较年轻。就在不久以前，岩浆曾经从某个地方喷发出来，这些岩浆覆盖了整个金星并使金星的面貌焕然一新。能够证明这一假说的证据包括：金星的表面有许多陨石坑和其他地质结构，这些地质结构的表面并没有像我们想象的那样饱经风霜。显然，它们的地质年龄还比较年轻。考虑到金星的体积，金星表面的陨石坑实在少得令人感到意外。实际上，人们利用小型的天文望远镜在月球的一个区域内所观测到的陨石坑的数量，已经超过了整个金星表面的陨石坑的数量。

▶ 从地球上进行观测，金星的外表是什么样的？

与地球相比，金星离太阳更近。所以，它从来不会在午夜出现在夜空里。相反，金星要么在刚刚天黑的时候出现在天空中，要么在清晨太阳即将升起的时候出现在天空中。到底是上述哪一种情况，主要取决于季节的因素（正是由于金星这种有规律地出现，使古代的天文学家们将它命名为“夜星”或“晨星”）。

由于金星离地球较近，再加上金星大气层内的云层的反射率较高，金星在夜空中看起来格外美丽明亮。金星是夜空中第三明亮的天体，排在第一位和第二位的分别是太阳和月亮。和月亮一样，金星在白天也经常能够被观测到。当然，观测者一定要选择合适的观测方向。难怪金星在古罗马神话中被当作代表爱情和美丽的女神。

为什么火星是红色的？

火星被称为红色的行星。这主要是因为当我们在地球上选择了一个比较有利的观测点对火星进行观测时，火星看上去是红色的。古希腊和罗马的天文学家们把火星与血液联系在一起，所以火星在当时被当作“战神”。今天，人们已经知道火星的颜色之所以发红，是由于在火星表面的岩石中聚集着大量的氧化铁化合物。这些氧化铁化合物其实就是铁锈。

人们利用小型的天文望远镜可以观测到处于不同阶段的金星和月球。作为地球上的观测者，我们只能在某一特定的时间内观测到被太阳光照亮了的部分金星。与月球不同的是，弯月阶段的金星要比满月阶段的金星更加明亮。当金星变得最明亮时，它是夜空中最容易被误认为是飞机或不明飞行物的天体。

火星具有哪些物理特性？

火星是太阳系中距离太阳第四远的行星。它的直径大约相当于地球直径的一半。火星上的一年相当于地球上的687天。这意味着在季节的延续时间方面，火星大约是地球的两倍。然而，火星上的一日与地球上的一日在时间长度上非常接近。实际上，两者仅仅相差大约20分钟。

火星的大气层非常稀薄，在密度方面，它仅仅大约相当于地球大气层的7‰。火星的大气层主要是由二氧化碳加上少量的氧气、氮气和其他气体构成的。在夏天火星最炎热的时节，赤道地区的温度可以达到接近0℉（−18℃）；在冬天火星最寒冷的时节，两极地区的温度可以下降到−120℉（−85℃）或更低。

火星的表面拥有非常有趣的地质特征。火星表面的地貌多种多样，具体说来主要包括山脉、陨石坑、沟壑、峡谷、高地、低地和极地冰盖。一些科学证据向人们发出了强烈的提示，几十亿年以前，火星的温度比现在高得多，当时的火星是一颗充满活力的行星。

谁发现了火星的极地冰盖？

意大利天文学家吉安·多美尼科·卡西尼（1625—1712）完成了一系列重大发现，这其中就包括位于土星环内的一个巨大缝隙（在今天被人们称为“卡西尼分界线”）。卡西尼还仔细地观测了火星，他发现在火星的两极地区有一些颜色发亮的区域。实际上，火星的极地冰盖会随着季节的变化而变化。在冬季，它的范围将会逐渐扩大；在夏季，它的范围将会逐渐缩小。

火星的极地冰盖是由什么构成的？

目前的研究结果显示，火星的极地冰盖主要是由固态的二氧化碳（也就是

"干冰")构成的。此外,在火星的极地冰盖内还嵌入了一些固态水和液态水。由于火星表面的大气状况,无论是冰还是干冰都无法在温度升高时变成液态水或液态的二氧化碳。相反,它们会直接升华成气体。所以,与地球不一样的是,火星的极地冰盖并不是液态水的发源地。

火星包括哪些有趣的地质特征?

火星拥有多种多样的地质特征,这其中就包括巨大的陨石坑、广阔的平原、深深的峡谷等。所有这些有趣的地貌都拥有有趣的名字。太阳系中最高的山脉是奥林帕斯山,它是一座死火山,在火星表面的高度为15英里(24千米)。马里内里斯大峡谷绵延两千多英里(3 200千米),横贯了火星的北半球,它的深度相当于美国亚利桑那州科罗拉多大峡谷的3倍。如果在地球上,马里内里斯大峡谷可以从亚利桑那州一直延伸到纽约。火星南半球的一个典型地貌是赫拉斯大峡谷,在这个古老的峡谷里充满了很久以前的岩浆。现在,它已经成为火星表面布满尘埃的广阔明亮区域。

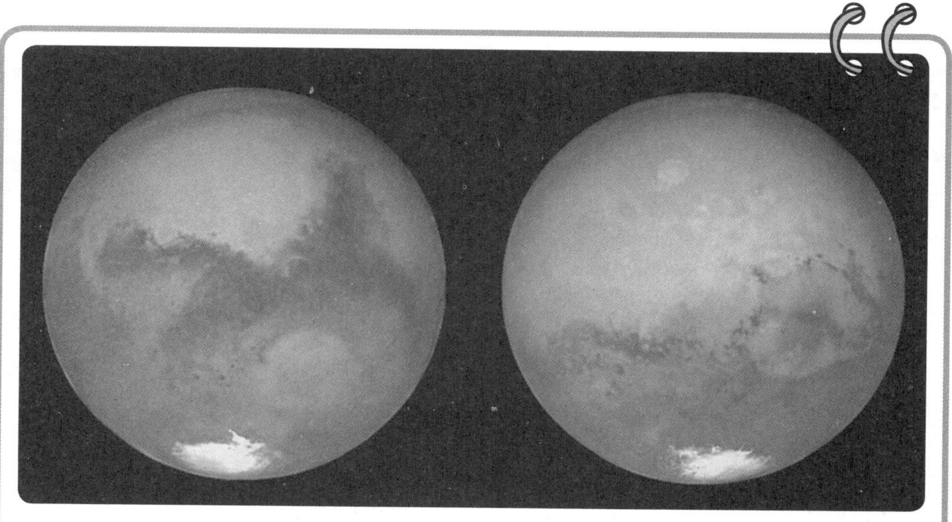

这幅图像是2003年拍摄的,在图中我们可以看到火星的两个不同侧面。在右图中,我们可以清晰地看到在火星的北部分布着奥林帕斯山。此外,位于南部的冰盖也是清晰可见的。(美国国家航空航天局和太空望远镜科学研究所)

火星的地质演变历史包括哪些内容？

几乎可以肯定的是，几十亿年前的火星要比现在炎热得多。和今天的地球一样，在当年的火星表面也流淌着许多河流和小溪。那时的火星表面也许还分布着冲积平原、三角洲、湖泊，甚至还有大海和海洋。火星地壳下面的内部热量引发了火山喷发和岩浆流动。此外，由于火星表面的引力大约相当于地球引力的1/3，火星上的火山锥和山脉要明显高于地球上的火山锥和山脉。另外，由于山崩和侵蚀的力量不是那么强大，火星上的峡谷地貌一般切割得较深。

我们怎么知道火星上曾经有过液态水？

轨道数据所显示出的一些地貌特征完全说明，在火星的表面曾经流淌过液

在火星陨石ALH84001的背后有哪些故事？

ALH84001之所以被这样命名，主要是由于它是地质学家罗伯塔·斯科尔1984年在南极洲的“阿兰山”地区发现的。斯科尔参加了“美国南极陨石搜寻计划（ANSMET）”的团队。目前，有许多陨石被认为在几百万年前曾经分布在火星的表面，ALH84001就是其中最著名的陨石。由于彗星或小行星的剧烈碰撞，这些陨石已经变得结构松散。同时，大量的岩石碎片进入了火星的公转轨道中。后来，它们又落在地球上。

科学家们利用各种科学证据来确定陨石的来源。这些科学证据具体包括：陨石的结晶年龄、陨石的化学构成和物理构成、宇宙射线对陨石的影响、陨石的缝隙和泡状结构中所包含的气体的化学构成以及化学成分的含量百分比。陨石的缝隙和泡状结构中所包含的气体是在很久以前被困入其中的。种种证据表明，ALH84001来自火星。

态的水。这些地貌特征包括河床、支流地质结构和延伸至低海拔地区的三角洲。此外,在一些陡峭的陨石坑的边缘有一些明显的痕迹。显然,液态水曾经穿过火星的地壳流淌出来,然后又凝固或蒸发掉。

2005年,科学家们通过更多的证据,进一步证明在火星表面的下面存在着面积广阔的冰冻海洋。科学家们利用“相延多普勒测图”技术找到了许多冰体,它们的深度为几英尺至几百英尺。这些冰体所覆盖的面积相当于美国的纽约州、新泽西州、宾夕法尼亚州、俄亥俄州和印第安纳州的面积总和。这里所使用的“相延多普勒测图”技术与地球气象卫星上使用的同类技术非常类似,只不过在这里我们是利用这种技术来进行地下勘探。

▶ 从火星表面收集到的哪些证据可以说明在火星上曾经有过液态水?

火星探测漫游者“勇气号”和火星探测漫游者“机遇号”是进行地质研究的两个机器人,它们已经对火星的几个不同区域进行了探测,取得了许多重大发现。首先,它们发现了一些只有在长期存在水的情况下才可能存在的矿物质;其次,它们发现了一些只有在显微镜下才能观测到的矿物结构,这些被称为“蓝莓”的矿物质结构只有在一定的湿度条件下才能形成;再次,它们发现了火星岩石结构中的化学元素和同位素的比值,这些比值只可能出现在存在液态水的环境中。通过上述发现,科学家们得出结论:虽然火星的表面目前是干涸的,但是以前并不是这样的。几十亿年以前,火星的表面曾经被大量的液态水所覆盖。

气 体 巨 星

▶ 什么是气体巨行星?

气体巨行星之所以被这样命名,是由于它们的体积要比类地行星大得多。气体巨行星往往拥有厚厚的大气层。在这类行星的物理结构当中,气体是主要的组成部分。

在图中，我们可以看到“航海家2号”拍摄到的气体巨行星的图像，（从左至右）它们分别是：海王星、天王星、土星和木星。（美国国家航空航天局）

太阳系中的哪些行星属于气体巨星？

木星、土星、天王星和海王星都可以被归类为气体巨星。

什么是气体巨星区域？

气体巨星区域是太阳系的一部分，大致位于木星轨道和冥王星轨道之间，包括木星、土星、天王星和海王星等气体巨行星。每一个气体巨行星都拥有大量的卫星、行星环和小行星环。

木星的物理特性有哪些？

木星是太阳系中体积最大的行星。它的质量大约相当于太阳系内所有其他的行星、卫星和小行星的质量总和。木星上的一天只有10小时的时间，这一时间还不到地球上的一天的一半。木星是距离太阳第五远的行星。在体积方面，木星相当于地球的1 300倍；在质量方面，木星相当于地球的320倍。

超过90%的木星质量是由旋转的气体构成的。氢和氦是这些气体的主要组成部分。在厚度和密度都很高的木星大气层中，量级很高的风暴潮在不停地旋转。其中最强烈的风暴潮被称为“木星大红斑”，人们利用小型的天文望远镜就可以在地球上观测到“木星大红斑”。

科学家们认为，构成木星岩石内核的物质类似于地球的地壳和地幔。然而，木星的内核面积相当于整个地球的面积，这一区域的温度可能高达1.8万℉

这是一幅由“航海家1号”拍摄的图像。我们从图中可以清晰地看到五颜六色的“木星大红斑”。（美国国家航空航天局）

（1万℃），这里的压力等于200万个地球大气压。在木星内核的周围，可能存在一层厚厚的压缩氢气。虽然它们周围的环境非常极端，但是这些氢气可以像金属一样进行活动，从而在木星的内部产生强烈的磁场，这里的磁场强度甚至比太阳的磁场强度还要高出5倍。

木星的周围至少有30颗卫星。其中许多卫星的直径仅为几英里。它们也许是被捕获的小行星。其中的4颗卫星与月球相比体积相当或体积稍大。它们的名字分别是：艾奥、欧罗巴、甘尼米和卡利斯托。

▶ 木星大气层有哪些其他的特征？

"伽利略号"太空船在1995年向太空发射了一个小型的探测器，这个探测器对木星的大气层进行了细致的探测。它的探测范围可以达到顶层云层以下大约90英里（150千米）的地方。探测结果表明，木星的上层大气不仅厚度很大，而且密度也很大。这一区域内主要包括水蒸气、氦气、氢气、碳、硫和氖，这些化学元素的含量百分比要比我们预想的低一些。而氪、氙等其他气体的含量百分比要比我们预想的高一些。

探测器没能发现木星上的一些特征同样令科学家们感到吃惊。按照科学家们最初的假设：木星大气层中应该包括几个分别由氨、硫化氢和水蒸气构成的云层。不过，探测器实际上只探测到几个薄薄的云层。同样，根据科学家们最初的假设，木星的云层中会存在大量的闪电放电现象。但是，探测器只探测到在至少600英里（1 000千米）以外，存在极其微弱的闪电迹象。这表明在木星大气层的这一高度，闪电发生的频率只相当于地球上的大约1/10。值得注意的是，"伽利略号"发射的小型探测器获取的令人意外的信息完全来自木星大气层的一个区域内。对于整个木星大气层来说，这个区域内的大气状况也许并不具有代表性。

▶ 木星是如何形成的？

木星是一颗原型气体巨行星。气体巨行星也通常被称为"类木行星"。在形成过程方面，木星与其他气体巨行星差不多。虽然关于木星形成过程的许多细节还没有被最终证实，但是科学家们普遍认为，木星在太阳形成以后不久就诞

对于"木星大红斑",人类有哪些了解?

"木星大红斑"实际上是一个巨大的风暴潮,它的宽度超过8 500英里(1.4万千米),它的长度超过1.6万英里(2.6万千米)。你可以轻而易举地将地球和金星并排地放入"木星大红斑"中。在木星大气层的深处有许多能量极高的气体,这些炙热的气体会不断地膨胀,从而为"木星大红斑"的风暴潮提供能量,并保证它们能够顺利地通过。它们通过时往往会按顺时针方向形成剧烈的风,这些围绕"木星大红斑"区域的大风,在风速方面可以达到每小时250英里(400千米)。

"木星大红斑"的红色主要是由于木星包含硫和磷。但是,上述观点还没有得到最终证实。在"木星大红斑"区域的下面是3个白色的椭圆形区域,每一个区域实际上是一个体积与火星相当的风暴潮。木星上有成千上万个强烈的风暴潮。许多风暴潮已经持续了很长时间。不过,"木星大红斑"只延续了至少400年的时间,它是被伽利略·伽利莱首先发现的。迄今为止,它仍然是体积最大且最容易观测的木星风暴潮。

生了。当太阳的星云进入了由气体和尘埃构成的盘状物区域后,在不断旋转的盘状物区域内,一些体积很小的微粒经过几百万年的时间组合在一起,并最终形成了小行星体。这些小行星体进一步组成了木星的内核。木星的内核又进一步将大量的气体吸引到运行轨道的周围和其中。在这一过程中,木星庞大的大气层就慢慢地形成了。

谁首先测算出木星的体积?

英国天文学家詹姆斯·布拉德雷(1693—1762)在1733年成功地测算出木星的直径。当时,布拉德雷的测算结果震惊了整个科学界。

木星是否拥有磁场?

答案是肯定的。木星磁场的强度大约是太阳磁场强度的5倍。木星磁层的体积相当庞大,以至于它可以占据夜空的相当一部分。具体说来,假如我们用肉眼可以观测到木星的磁层,它的体积应该比整个月球的体积还要大得多。同时,与地球一样,在木星的周围也分布着许多带状物,它们都是由能量很高的带电粒子构成的。这些"范艾伦带"都位于由磁力线构成的封闭区域内。这些磁力线是在木星的磁场内逐渐形成的。

木星如何被用来测算光速?

当意大利天文学家吉安·多美尼科·卡西尼(1625—1712)在博洛尼亚大学任教时,他在很长的时间内跟踪研究了木星卫星的运行轨道,并根据研究结果绘制了一张星表。后来,当其他的天文学家们利用卡西尼的实验数据时,他们注意到,当木星与地球之间的距离达到最大值时,卫星从木星的前面经过所需的时间要多于卡西尼星表中所描述的时间。科学家们意识到,显然卡西尼星表是正确的,之所以出现看似矛盾的情况,主要是由于随着木星与地球之间的距离的加大,卫星发出的光的运行时间也会加长。1676年,雷默利用上述观点和卡西尼的实验数据计算出光的速度。根据他的计算结果,光速为每小时14.1万英里。这一结果与光速在当代的数值已经非常接近。

木星有行星环吗?

是的,木星拥有几个光线暗淡的行星环。它们与土星所拥有的巨大漂亮的行星环根本无法相比。但是,人们利用哈勃太空望远镜等观测设备可以对它们进行仔细的观测。

土星拥有怎样的物理特性？

土星与木星非常相似。不过，它的质量大约相当于木星的1/3。此外，它的质量大约比地球多95倍。实际上，土星的平均密度要低于水的密度。土星上的一天仅有10小时39分钟。由于它的旋转速度非常快，所以赤道地区的土星直径要比南北极之间的土星直径长10%。

土星的内核是由岩石和冰构成的固体。土星内核的质量相当于地球质量的很多倍。在土星内核的上面有一层液态金属氢，再往上是由液态氢和氦构成的分层结构。这些分层结构会产生强烈的电流，而这些电流形成了土星表面强烈的磁场。

土星拥有几十颗卫星，其中最大的卫星被叫做“泰坦”，它的体积比月球还要大，它还拥有厚厚的昏暗的大气层。对于土星而言，最壮观的部分要属漂亮的行星环系统。土星环区域可以向外延伸大约17万英里（30万千米）。

土星的大气层是什么样的？

土星大气层的顶部看上去颜色发黄，而且仿佛有许多薄雾。它主要是由结晶的氨构成的。强烈的东风使这些云彩呈带状分布。经过计算，这些东风的风速在赤道地区可以达到每小时1 100英里（1 800千米）。土星两极地区的风速要慢很多。与木星一样，在土星的表面也经常会出现强烈的风暴潮。每隔30年，在土星的表面就会形成一次强烈的风暴潮，这种风暴潮看上去呈现出白色，它也被称为“大白斑”。当然，每一次的风暴潮实际上与上一次的风暴潮是截然不同的。在长达一个月的时间内，土星表面的“大白斑”都能够被观测到，它看上去就像聚光灯的光圈一样。经过这段时间以后，它会渐渐地消散，并像一条厚厚的白色条纹一样在土星的周围延伸。在土星上，到了夏末的时候，大气层的温度就会升高，大气层内的氨也会向大气层的上层进行运动，只有强烈的土星风能够将它们驱散。所以，在土星的表面会定期出现强烈的风暴潮。

土星环是什么样的？

土星环系统主要被分为3个部分，它们分别是明亮的A环和B环以及较

虽然太阳系内的其他行星也拥有行星环，但是土星的行星环毫无疑问是最美丽壮观的。在“航海家2号”拍摄的图像中，我们可以清晰地看到土星环。（美国国家航空航天局）

暗的C环（其实还有许多光线更暗的环）。A环和B环被“卡西尼分界线”分开，“卡西尼分界线”是以吉安·多美尼科·卡西尼（1625—1712）的名字命名的。在A环的内部还有另外一道分界线叫“恩克分界线”，它是以约翰·恩克（1791—1865）的名字命名的。“恩克分界线”是约翰·恩克在1837年首次发现的。这些分界线看上去好像是空的，而实际上它们的内部充满了微粒。至于“卡西尼分界线”，它的内部实际上充满了体积更小的行星环。

虽然土星环的直径超过了10万英里（16万千米），但它们的厚度仅有大约1英里（1.609 34千米）。所以，它们有时会从我们的视线里消失。当我们的视线与土星的自转轴垂直时，土星看上去就像一条细细的线，所以此时的土星几乎是无法被观测的。

谁发现了土星环？

伽利略·伽利莱（1564—1642）首先观测到了土星环。当时，他还无法解释这一天文现象的本质。在他看来，土星环更像一些“把手”。他把自己的发现通报给欧洲的其他天文学家。荷兰科学家克利斯蒂安·惠更斯也得到了这

“牧羊人卫星”与土星环有什么联系？

卡西尼太空探测器收集到的数据证明了长期以来的一个假说。这个假说主要向人们解释了土星环为什么在长时间内排列得非常整齐而且旋转得非常有规律。几颗体积较小的卫星与土星之间恰当的距离，再加上它们快慢适中的旋转速度，都保证了体积更小的环形微粒能够存在于引力相对稳定的区域内。这些“牧羊人卫星”和土星环共同旋转，从而保证了环形微粒的平稳运行，进而保证了土星环结构的稳定。根据计算机的模拟计算结果和理论计算结果，这一状态已经延续了大约1亿多年。

个消息。惠更斯利用自己的天文望远镜对这些“把手”进行了观测。惠更斯发现，这些“把手”虽然看上去很像位于土星两侧的卫星，但它们实际上是巨型环状物的组成部分。在后来很长一段时间内，惠更斯继续研究土星。他进一步发现，土星倾斜角度的改变会引起土星环外表的改变。同时，他还发现了上述现象的变化规律。根据他的预言，在1671年的夏天，由于土星环倾斜到了一定的角度，观测者的视线将与土星的自转轴垂直，所以土星环将会暂时从我们的视线里消失。结果，他的预言得到了证实。同时，他所提出的“土星环”理论也得到了证明。

▶ 土星环是如何构成的？

对于土星环的构成模式，人们还不是十分有把握。有一种观点认为，土星环以前是体积较大的卫星。后来，它们要么由于相互间的碰撞而被破坏，要么由于引力产生的潮汐作用而被撕开。于是，卫星的碎片便掉入了土星周围的运行轨道中。

▶ 天王星有哪些物理特性？

天王星是太阳系中的第七大行星。它也是4颗气体巨行星中的第三颗。它的直径是3.18万英里（5.12万千米），略微少于地球直径的4倍。与其他的气体巨行星一样，天王星主要是由气体构成的。它的大气层有很多云彩，颜色呈现出淡淡的蓝绿色。天王星的大气层包括83%的氢、15%的氦和少量的甲烷及其他气体。天王星呈现出淡淡的蓝绿色，主要是由于大气层中的甲烷会吸收颜色略微发红的光线，并反射颜色略带一点蓝绿色的光线。在大气层的下面，有一层半融化的混合物包围着天王星的岩石内核，这层混合物是由冰、氨和甲烷构成的。

天王星围绕太阳运行的轨道是一个普通的近圆轨道，它的公转周期相当于地球上的84年。与其他主要行星相比，天王星的旋转方式非常奇特。它通常进行侧向旋转，看上去就像在球道内滚动的保龄球一样，它的旋转轴并不是与轨道平面垂直，而是与轨道平面平行。这意味着天王星的一端会在半个公转周期内面向太阳，而天王星的另一端在这段时间内会背向太阳。所以，天王星上的一

海王星被人类发现的过程有什么独特之处?

科学家们首先通过计算预测出海王星的存在,然后又经过天文观测证实了先前的预测结果。海王星是第一颗应用这种模式被发现的行星。威廉·赫舍尔于1781年发现了天王星。不久以后,天文学家们就测算出在天王星的运行轨道内存在一个反常的现象:好像有一个比天王星更加遥远的巨型天体在时不时地吸引着天王星。德国数学家卡尔·弗里德里希·高斯(1777—1855)根据行星的运动进行了计算,并为发现另一颗更遥远的行星奠定了基础。1843年,自学成才的天文学家约翰·柯西·亚当斯(1819—1892)经过一系列复杂的运算,准确描述出这颗行星的位置。他在1845年完成了一系列的运算。1846年,法国天文学家奥本·尚·约瑟夫·李维里尔(1811—1877)也确定了这颗行星的位置。亚当斯的计算结果完全比得上李维里尔的计算结果。当然,当时两个人对对方的研究成果都是一无所知。1846年9月23日,约翰·伽勒(1812—1910)和海因里希·德阿拉斯特(1822—1875)在德国柏林的乌拉尼亚天文台根据李维里尔的计算结果发现了海王星这颗行星,也同时证明了亚当斯和李维里尔的计算结果。

天等于地球上的42年!绝大多数的天文学家认为,在天王星演变史上的某一时刻,一个体积巨大的天体(至少要与行星体积相当)撞击了天王星,使它从那以后变成了侧向旋转。于是,天王星独特的运行方式就这样形成了。

天王星至少有15颗已知的卫星,它还拥有11个单薄的行星环。在围绕天王星进行近天体探测飞行时,“航海家2号”太空探测器发现,在天王星的周围有一个面积广阔且形状特别的磁场(也许正是由于天王星独特的旋转方式,才在它的周围形成了独特的磁场)。天王星上层大气层的温度可以达到—350 ℉(—210℃)。

谁发现了天王星，他为人类对宇宙的了解作出了哪些贡献？

天文学家威廉·赫舍尔出生在德国。不过，他一生的绝大多数时光是在英国度过的。从年轻时起，他就是一个热衷天文观测的人。赫舍尔对恒星和行星进行了普遍的研究。1781年，他观测到在双子星座的方向有一个圆盘状的天体。最初，赫舍尔认为这个天体是一颗彗星。不过，经过一段时间的观察，他发现这个天体的运行轨道并没有像彗星轨道那样进一步延伸。相反，它的运行轨道看上去很圆，更像行星的运行轨道。为了纪念英国国王乔治三世，赫舍尔想把这颗行星命名为乔治行星。但是，这个名称并没有被沿用下来。最终，天文学家们同意将这颗行星命名为乌拉诺斯（天王星）。在神话传说中，乌拉诺斯是罗马农业之神的父亲。1787年，赫舍尔发现了天王星最大的两颗卫星。

天王星的行星环是什么样的？

天王星的前9个行星环是在1977年被人类发现的。1986年，当“航海家2号”从天王星的上空飞过时，它又发现了2颗行星环。所以，天王星一共有11个行星环和大量的行星环碎片。所有的行星环都是由小块的尘埃、岩石微粒和冰构成的。11个行星环所占据的区域从天王星的中心向外延伸2.4万～3.2万英里（3.8万～5.1万千米）。每个行星环的宽度介于1～1 500英里之间（1～2 500千米之间）。行星环碎片的存在说明，天王星行星环要比天王星年轻得多。行星环也有可能是由卫星的碎片组成的。

天王星最外侧的行星环被称为“伊普西隆环”，这个行星环特别有趣，它看上去非常狭长，主要由巨大的冰块构成。天王星有2颗小卫星分别被称为“科迪莉娅”和“欧菲莉娅”，它们就相当于“伊普西隆环”的“牧羊人卫星”。它们在那个行星环内围绕天王星进行运转。也许正是由于它们的存在，行星环区域内才会产生强烈的引力场并将那些巨大的冰块留在这一区域内。

海王星拥有哪些物理特性？

海王星是太阳系内的第八大行星。与地球相比，它的质量要多出17倍。它的直径大约相当于地球直径的4倍。它还是太阳系内最遥远的气体巨行星。海王星的公转周期相当于地球上的165年。然而，海王星上的一天只相当于地球上的16个小时。与天王星类似的是，它的大气层顶部的温度也非常低，可以达到−350 ℉（−210℃）。

海王星的颜色是蓝绿色，这与它的名字非常一致。实际上，海王星这颗行星是以罗马神话中海神的名字来命名的。不过，海王星的颜色并不是来自水。它之所以呈现出蓝绿色，主要是由于大气层里的某些气体将太阳光反射回太空中。海王星的大气层主要包括氢气、氦气和甲烷。科学家们认为，在海王星大气层的下面还存在一个厚厚的层状结构，它主要是由电离的水、氨气和甲烷冰块构成的。在这个层状结构的下面就是由岩石构成的内核，它的质量相当于地球的很多倍。

海王星离我们非常遥远。1989年以前，人类对海王星几乎没有任何了解。1989年，“航海家2号”太空船针对海王星进行了近天体探测飞行，并为我们传回了海王星的大量数据，从而揭开了这颗神秘的气体巨星的面纱。今天，我们已经了解到至少有4个小行星环和11颗卫星正在围绕海王星进行旋转。

海王星的大气层是什么样的？

尽管离太阳非常遥远，海王星不仅能量丰富，而且物理活动非常活跃。这一点是我们在非常寒冷的物理环境里通常很难见到的。海王星不得不面

“佛伯斯”和“德摩斯”是如何成为火星的卫星的？

“佛伯斯”和“德摩斯”在外表上与体积较小的小行星非常类似。火星距离主要小行星带非常近。“佛伯斯”和“德摩斯”曾经是2颗小行星，它们的运行轨道离火星非常近，这种轨道环境恰好使火星利用自身的引力将它们捕获。从那以后，“佛伯斯”和“德摩斯”便进入了围绕火星运行的稳定轨道内。

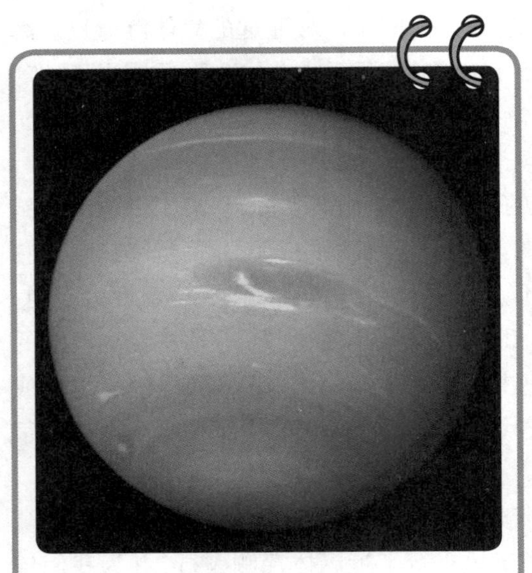

海王星之所以呈现出明显的蓝色是由于在它的大气层里包含着氦、氢和甲烷。（美国国家航空航天局）

对来自太阳系的最强劲的风，这些风的风速可以达到每小时700英里（1 100千米）。在这些风的影响下，蓝色的表面云层会四处漂浮，而白色的上层云层会围绕行星进行旋转，白色的上层云层可能是由甲烷的晶体构成的。在白色的上层云层的下面，还有一个颜色更暗的云层，它可能是由硫化氢构成的。“航海家2号”围绕海王星所进行的近天体探测飞行证明：在海王星的表面有3个明显的风暴潮系统。其中的一个风暴潮系统被称为“大暗斑”，它的体积大致与地球相当；另一个风暴潮系统被称为“小暗斑”，它的体积大致与月球相当；还有一个体积较小的颜色发白的风暴潮系统被称为“斯库特”，它的旋转速度非常快。看上去，“斯库特”好像正在围绕海王星追赶其他的风暴潮系统。不过，哈勃太空望远镜在1994年的观测结果显示：“大暗斑”风暴潮系统已经消失了。

海王星的行星环是什么样的?

“航海家2号”在1989年针对海王星进行了近天体探测飞行。观测结果显示，海王星拥有4个行星环，它们的光线非常暗淡。看上去，它们不仅不如土星环那么显眼，而且不如木星和天王星的行星环明显。这些行星环主要是由大小不一的尘埃微粒构成的。最外层的行星环中的微粒主要集中在3个区域内，这3个区域不仅相对比较明亮，而且看上去有些弯曲。这一点与太阳系内的其他行星环系统完全不同。目前，我们还不知道出现这一现象的原因。

卫　　星

什么是卫星?

卫星是一种围绕行星运转的天然天体。与行星相比,我们有时很难说出卫星的准确地位。例如,许多卫星(包括地球的卫星)与它们所围绕的天体几乎同时形成;而另一些卫星在形成初期是完全独立的天体,后来由于行星引力场的作用被吸引到行星系统内。

火星拥有多少颗卫星?

火星拥有2颗卫星,它们分别被称为“佛伯斯”和“德摩斯”。它们是在1877年被美国天文学家阿瑟夫·浩尔(1829—1907)发现的。

“佛伯斯”和“德摩斯”是什么样的天体?

“佛伯斯”和“德摩斯”是形状不规则的岩石天体。它们看上去很像小行星。“佛伯斯”的直径为10英里(16.093 44千米),“德摩斯”的直径大约为5英里(8.046 72千米)。

木星的卫星有哪些特征?

在木星的几十颗(2008年的统计数字为三十多颗)卫星当中,绝大多数直径仅有几英里,它们极有可能是被捕获的小行星。另外,还有4颗卫星与其他卫星明显不同。它们是伽利略在1609年首先发现的,所以被命名为伽利略卫星。人类还利用“伽利略号”太空船对这4颗卫星进行了近距离的观测。结果人们发现:这4颗卫星实际上是物理状况非常复杂的天体。

伽利略首先发现了木星最大的4颗卫星，所以它们被称为伽利略卫星。它们（从左至右）分别是艾奥、甘尼米、欧罗巴和卡利斯托。（美国国家航空航天局）

木星如何影响它的卫星的物理环境?

木星会对周围的环境产生强大的引力，这种引力会在伽利略卫星的表面形成潮水。这些潮水会定期地将卫星的内核拉伸或压缩，这就好像你在自己的手掌里反复地挤压一个柔软的橡胶球一样。过一段时间，橡胶球会由于物理变形而温度升高。同类的物理现象也会发生在木星引力和伽利略卫星的内核之间。

木星对它的卫星所产生的另一个重要影响来自这颗气体巨行星的磁场。由于木星的旋转速度非常快，再加上木星的质量相当大，木星的磁场会将附近的卫星吸入其中，使它们受到电离效应和带电粒子的影响。与此同时，位于“艾奥”卫星表面的火山会将大量的细小微粒喷射到太空当中。然后，其中的许多微粒又被卷入到木星的磁层当中，并形成了一个像油炸圈饼一样的环形曲面体。实际上，这个曲面体是由火山喷发出的微粒构成的。这些微粒在火星的周围形成了一个缥缈的保护层（恰当地说，这种结构应该被叫做“艾奥环面”）。

木星的卫星“艾奥”是什么样的？

“艾奥”是距离木星最近的伽利略卫星。在木星和其他卫星所产生的强烈引力的作用下，“艾奥”成为太阳系中地质活动最活跃的天体。“航海家号”太空船首次观测到，“艾奥”表面的巨型火山将火山熔岩和火山灰喷射到太空当中。每隔几十年，新近喷发出的熔岩就会令“艾奥”卫星的表面焕然一新。

在木星卫星“艾奥”的表面有许多活火山。（美国国家航空航天局）

木星的卫星“欧罗巴”是什么样的？

“欧罗巴”是距离木星第二近的伽利略卫星，它的表面布满了固体的冰层。“伽利略号”太空船的研究结果显示，在运动模式方面，“欧罗巴”表面的冰层与地球极地

海洋里的冰层非常类似。

▶ 木星的卫星“甘尼米”是什么样的?

“甘尼米”是太阳系中体积最大的卫星。它的直径大约相当于月球直径的1.5倍。它的大气层非常稀薄。同时，它拥有自己的磁场。“伽利略号”太空船传回的数据显示，“甘尼米”卫星的表面会释放出原子氢。哈勃太空望远镜传回的数据显示，被冰层覆盖的“甘尼米”卫星的地壳会释放出多余的氧气。科学家们认为，上面提到的氢气和氧气可能来自“甘尼米”卫星表面冰层的分子结构。由于太阳的辐射，这些分子结构被进一步分解成原子结构。所有的观测数据都向人们提示，和“艾奥”卫星一样，“甘尼米”卫星在地下也拥有一个浩瀚的海洋。

▶ 木星的卫星“卡利斯托”是什么样的?

在伽利略卫星当中，“卡利斯托”离木星最遥远，在它的表面分布着大量的陨石坑。在太阳系的所有固态天体中，“卡利斯托”卫星的表面是地质年龄最古老的。有证据表明，在“卡利斯托”卫星的周围也存在磁场，但是这一磁场比“欧罗巴”卫星和“甘尼米”卫星的磁场要弱。这一磁场正是由于“卡利斯托”卫星地下海洋的作用而形成的。

▶ 土星的卫星有哪些特点?

和木星一样，土星也有几十颗卫星。同样，在这些卫星当中，许多体积较小的卫星很有可能是被土星的引力场所捕获的小行星。这些卫星的体积越大，越会拥有一些有趣的物理特征。“弥马斯”卫星是很久以前陨石碰撞的产物，它看上去几乎与科幻影片中虚拟的“死亡恒星”空间站一模一样。“恩科拉多斯”卫星是最近才被发现的。在它的表面，像间歇泉一样的水流会时不时地涌出来，这说明在它的内核深处存在液态的水。在土星的卫星当中，物理结构最复杂的是“泰坦”卫星，它也是体积最大的土星卫星。同时，它也许是整个太阳系内物理结构最复杂的卫星。

土星的“泰坦”卫星是什么样的？

“泰坦”卫星是克里斯蒂安·惠更斯（1629—1695）在1655年左右发现的。几百年以来，天文学家们发现，土星的这颗体积最大的卫星是太阳系中唯一拥有厚厚的大气层的卫星。在密度方面，它的大气层甚至会超过地球大气层。“泰坦”卫星的大气层看上去主要包括氮气和甲烷及其他成分。根据“航海家1号”太空探测器和其他太空望远镜的观测结果，位于“泰坦”卫星表面的海洋和湖泊中，可能藏有液态氮和甲烷。此外，它的云层可能产生包含某些化学成分的雨水和其他的天气现象。由于“泰坦”卫星的大气层不仅厚度非常大，而且光线非常昏暗，所以我们无法对它进行更为细致的观测。

2005年1月，“卡西尼号”航天器将“惠更斯号”探测器发射到“泰坦”卫星的大气层里。尽管“泰坦”卫星表面非常寒冷（温度可以达到—300℉）（—184℃），但是那里看上去还是分布着许多地貌特征，例如高高的山脉、布满岩石的海岸、河流湖泊以及海洋和海岸线。在“泰坦”卫星的表面分布着充足的液体。不过，这些液体并不是液态水。在那样的温度条件下，水一定会凝结成像花岗岩一样硬的冰。这些液体有可能是甲烷这种天然的液态气体。

天王星的卫星有哪些特征？

天王星的卫星通常是由冰块和岩石构成的小型天体。它们的直径为15～1 000英里（25～1 600千米）。它的体积最大的2颗卫星分别被叫做“欧伯龙”和“泰坦尼亚”。这2颗卫星是威廉·赫舍尔发现的。“恩博瑞”和“阿里尔”是排在“欧伯龙”和“泰坦尼亚”后面的两大天王星卫星，它们是由威廉·拉塞尔在1851年发现的。1948年，杰拉德·柯伊伯（1905—1973）发现了天王星的第五颗卫星。当“航海家2号”分别在1986年的1月和2月针对天王星进行近天体探测飞行时，它至少发现了10颗新的卫星，所有这些卫星的直径都小于大约90英里（145千米）。

与体积较大的土星卫星和木星卫星一样，这五大卫星也拥有许多不同的地貌特征，例如陨石坑、悬崖和大峡谷。在“欧伯龙”卫星的表面有许多年代久远的陨石坑。这些陨石坑不但很深，而且保持了最初的原貌。同时，我们在这些陨石坑里并没有发现任何熔岩，说明这里几乎没有发生过任何地质活动。

与之形成鲜明对比的是“泰坦尼亚”卫星。在这颗卫星的表面，你会时不时发现许多大峡谷和断层线，这足以说明这里的地壳在一段时间内发生了明显的位移。

海王星有哪些主要卫星？

“特莱登”卫星是海王星体积最大的卫星，它是在海王星被发现以后才被发现的。海王星的第二颗卫星叫“涅瑞伊得”，它是在1949年被人类发现的，荷兰裔美国科学家杰拉德·柯伊伯发现了这颗卫星。1989年，在“航海家2号”针对海王星进行近天体探测飞行的过程中，它发现了海王星的其他6颗卫星，这些卫星的直径为3～250英里（50～400千米）。在那以后，人类至少又发现了3颗海王星卫星，它们的体积都很小。

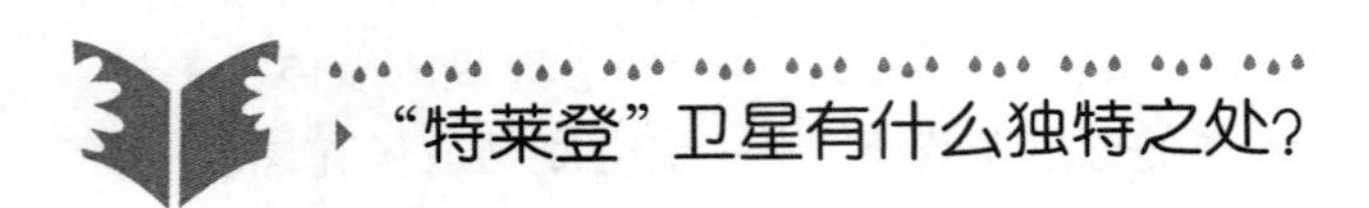

关于“特莱登”卫星，非常有趣的一点是：虽然它是太阳系中最冷的地方，那里的温度可以达到－390℉（－235℃），但是那里的地质活动却非常活跃。那里往往隐藏着强烈的火山活动。其中的几座火山喷发的不是火山灰，而是凝结的氮气晶体，火山喷发的高度可以达到表面以上6英里（10千米）。这样的火山喷发可以在“特莱登”卫星的上方暂时形成云雾。科学家们认为，“特莱登”卫星的火山曾经使这颗卫星的表面到处分布着一种半融化的物质，这种“熔岩”实际上是氨和水的混合物。我们现在还可以在这颗卫星的山脊和山谷中找到含有这种“熔岩”的标本。“特莱登”卫星还是太阳系中唯一一颗与行星旋转方向相反的卫星。“特莱登”卫星大约每6天会围绕海王星旋转一周。“特莱登”卫星有可能曾经是一颗体积与彗星相当的天体。与冥王星一样，“特莱登”卫星也被吸引到海王星的引力场当中。

冥王星的卫星是什么样的？

冥王星最大的卫星叫“卡戎”，它的直径有几百英里。在冥王星和“卡戎”之间存在一种潮汐锁定状态。也就是说，无论是冥王星还是“卡戎”，在旋转的过程中始终以同一面朝向对方。2005年，人类又发现了另外2颗冥王星卫星。2006年，人们又进一步证明了这两颗冥王星卫星的存在。这2颗卫星的直径仅仅有大约10英里（16千米）。

太阳系里体积较大的卫星有哪些？

表10中列出了太阳系中体积较大的卫星。

表10　太阳系中体积较大的卫星

名　字	所属行星	与行星间的距离（千米）	直径（千米）	旋转周期（天）
月　球	地　球	384 000	3 476	27.32
佛伯斯	火　星	9 270	28	0.32
德摩斯	火　星	23 460	8	1.26
阿玛耳忒亚	木　星	181 300	262	0.50
艾　奥	木　星	421 600	3 629	1.77
欧罗巴	木　星	670 900	3 126	3.55
甘尼米	木　星	1 070 000	5 276	7.16
卡利斯托	木　星	1 883 000	4 800	16.69
弥马斯	土　星	185 520	398	0.94
恩科拉多斯	土　星	238 020	498	1.37
忒提斯	土　星	294 660	1 060	1.89
瑞　亚	土　星	527 040	1 528	4.52
狄俄涅	土　星	377 400	1 120	2.74
泰　坦	土　星	1 221 850	5 150	15.95
许珀里翁	土　星	1 481 000	360	21.28
伊阿珀托斯	土　星	3 561 300	1 436	79.32

（续表）

名　字	所属行星	与行星间的距离（千米）	直径（千米）	旋转周期（天）
米兰达	天王星	129 780	472	1.41
阿里尔	天王星	191 240	1 160	2.52
恩博瑞	天王星	265 970	1 190	4.14
泰坦尼亚	天王星	435 840	1 580	8.71
欧伯龙	天王星	582 600	1 526	13.46
普洛提斯	海王星	117 600	420	1.12
特莱登	海王星	354 800	2 705	5.88
涅瑞伊得	海王星	5 513 400	340	360.16

柯伊伯带及更远的星际空间

▶ 什么是柯伊伯带？

柯伊伯带（也被称为柯伊伯-艾吉沃斯带）是一个形状像油炸圈饼的区域，范围包括从大约距离太阳3英里（5千米）的地方到距离太阳80亿英里（120亿千米）的地方。太阳的内边缘大致位于海王星轨道所在的地方，太阳的外边缘所在之处大约相当于太阳直径的2倍。

▶ 什么是“柯伊伯带天体”？

正如它们的名字所示，“柯伊伯带天体”（KBOs）是指产生于“柯伊伯带”之中或者围绕“柯伊伯带”旋转的天体。在六十多年的时间里，人类只知道一个“柯伊伯带天体”，它就是冥王星。1992年以后，许多“柯伊伯带天体”被人类发现了。根据科学家们目前的估计，“柯伊伯带天体”的数量即使达不到几十亿，也能达到几百万。

从本质上说，“柯伊伯带天体”是没有彗尾的彗星。经过几十亿年的时间，一些由冰和泥土构成的团块聚集在一起，最终形成了“柯伊伯带天体”。如果它们的体积足够大，它们就可以演变成质量更大的类行星天体，冥王星就是一个典型的例子。这时，它们的内核密度变得很大，而且在物理构成方面完全不同于位于上方的地幔和地壳。许多旋转周期相对较短的彗星就产生于“柯伊伯带”当中，这些彗星的旋转周期为几年至几百年。

什么是类冥天体？

类冥天体是柯伊伯带中体积小于冥王星的天体。它们在物理特性方面与冥王星非常类似，在围绕太阳运转方面，也与冥王星非常类似。类冥天体的发现，意味着科学家们已经承认在柯伊伯带内分布着大量的天体，冥王星本身也是一颗“柯伊伯带天体”。

在科学界人们为什么展开了寻找冥王星的活动？

人类在1846年发现了海王星。天文学家们在测算海王星的运行轨道时，发现了一个异常现象。几十年以前，正是由于在测算天王星轨道时发现了异常现象才导致了海王星的发现。在20世纪的前10年里，美国天文学家帕西瓦尔·罗威尔（1855—1916）开始使用位于亚利桑那州旗杆镇的私人天文台，寻找这颗有可能导致海王星轨道内异常现象的行星。根据罗威尔提出的著名观点，人们在火星表面观测到的沟壑是火星生命设计的一系列的运河。不幸的是，罗威尔并没有亲眼看到冥王星被人类发现。不过，他于1894年在旗杆镇创建的罗威尔天文台一直沿用到现在，至今这座天文台在天文研究和天文知识普及方面仍然发挥着重要的作用。

▶ 冥王星有哪些物理特性?

与其他“柯伊伯带天体”一样,矮星冥王星在许多方面都蒙着神秘的面纱,这主要是由于:这个天体不但距离我们非常遥远,而且体积非常小。根据人类目前的了解:冥王星的直径大约是1 400英里(2 300千米),这一数值还不到地球直径的1/5。同时,冥王星的体积要小于太阳系内的七大卫星。冥王星主要是由冰和岩石构成的。它的表面温度为−350～−380 ℉(−210～−230℃)。冥王星表面的明亮区域很有可能是由固态氮、甲烷和二氧化碳构成的。在冥王星表面的暗斑区域内有可能存在碳氢化合物,它们是由于甲烷在化学反应中分裂或凝固而产生的。

冥王星上的1天大约相当于地球上的6天,冥王星上的1年相当于地球上的248年。与类地行星和气体巨行星不同的是,冥王星在一个椭圆轨道内围绕太阳运行。在冥王星的公转周期内,它会在20年的时间内比海王星更加接近太阳(这一现象在1979年和1999年之间曾经出现过)。当冥王星比较接近太阳时,稀薄的大气层会呈现出气体状态,这时的大气层主要是由氮气、二氧化碳和甲烷构成的。在冥王星公转周期的绝大多数时间内,在它的上空没有大气层。所有的气体,要么冷却凝固,要么落到了冥王星的表面。

除了3颗已知的卫星以外,冥王星并不拥有行星环(这里需要强调的是:不仅矮行星一般拥有卫星,甚至小行星也会拥有卫星)。冥王星最大的卫星叫“卡戎”。由于这颗卫星的体积足够大,所以它也可以被看做是一颗矮行星。

▶ 是谁发现了冥王星?

美国天文学家克莱德·汤博(1906—1997)曾经谦虚地称自己是一位“没有接受过大学教育的业余农民天文学家”。当时,他正在罗威尔天文台进行寻找可能存在的“X行星”的天文研究。汤博当时的主要任务是继续为可能存在这一天体的区域摄像,这是一项对各方面要求都很高的工作。1930年,汤博终于发现了冥王星,这一重大发现也使他成为当时的名人,他还因此获得了学校颁发的奖学金。在那以后,作为一名优秀的天文学家,克莱德·汤博继续进行着自己的事业。

克莱德·汤博是如何发现冥王星的?

汤博为事先选定的夜空区域拍照,每次拍摄一个面积不大的区域。通过这种方法,汤博希望能够发现在地球轨道以外运行的任何天体。当时,他所使用的主要观测工具被称为"瞬变比较镜"。这种仪器可以反复地比较针对同一夜空区域拍摄的两张照片,从而发现某一特定天体是否发生了位移。

汤博对这一项目进行了长达10个月的连续研究。1930年2月18日,他的努力终于得到了回报。他发现了一颗体积很小的正在移动的太阳系天体。通过与同一区域的第三张照片进行对比,他排除了这个天体是彗星或小行星的可能性。然后,汤博又研究了帕西瓦尔·罗威尔在很多年前拍摄的一张照片。汤博最终确认了这个天体的存在。实际上,罗威尔当年已经发现了这个天体。不过,由于这个天体的体积实在太小了,以至于罗威尔的助手们将它的存在忽略不计。

名字叫"厄里斯"的天体是一个什么样的天体?它在天文研究中有怎样的重要意义?

2005年,天文学家迈克·布朗(1965—)、查德威克·特鲁希略(1973—)和大卫·拉比诺维茨(1960—)利用克莱德·汤博采用的精密的现代天文研究技术发现了太阳系内的一个新的天体。这个天体位于冥王星轨道之外,体积要比冥王星大,它最初被命名为2003UB 313。这个天体的发现,彻底地解答了一个长期困扰人们的问题。这个问题就是:冥王星究竟是不是体积最大的"柯伊伯带天体"。现在看来,这个问题的答案显然是否定的。天文学家们通过进一步的天文观测发现,2003UB 313甚至拥有自己的卫星。在一段时间内,这颗新发现的"柯伊伯带天体"和它的卫星,被发现它们的天文学家开玩笑地称为"希娜"和"加布里埃尔","希娜"和"加布里埃尔"是一部电视神话剧

在图中我们可以看到体积较大的“柯伊伯带天体”之间的对比。我们除了可以看到地球和月球以外，还可以看到冥王星、塞德娜和夸欧尔。（美国国家航空航天局）

中的女主角和男主角。

2003UB 313的发现加速了行星天文学家们科学定义“行星”的进程。既然2003UB 313的体积大于冥王星，而且它比冥王星更加遥远，我们要么将“厄里斯”列为第十大行星，要么不再把冥王星看做一颗行星。经过大量的讨论以后，国际天文学协会（IAU）最终在2006年8月正式对行星进行了重新分类。这也就是为什么目前人们认为：太阳系内只有八大行星，而冥王星并不在其中。

在作出这一决定以后，国际天文学协会负责给太阳系内的天体命名的专门委员会批准了2003UB 313和它的卫星的正式名称。它们的名称都是由发现它们的天文学家提出的。今天，它们分别被命名为“厄里斯”和“戴丝诺米娅”，分别代表希腊神话中的“纷争女神”和“辩论女神”。

体积较大的“柯伊伯带天体”有哪些？它们的体积分别是多少？

表11列出了太阳系中已知的体积较大的“柯伊伯带天体”。

表11　体积较大的“柯伊伯带天体”

名　称	平均几何直径（千米）	名　称	平均几何直径（千米）
厄里斯	2 600	欧克斯	940
冥王星	2 390	伐楼拿	890
塞德娜	1 500	伊克西翁	820
夸欧尔	1 260	科奥斯	560
卡戎	1 210	湖亚	500

小　行　星

什么是小行星？

小行星的体积相对较小，它们主要是由岩石或金属团状物构成的，都围绕太阳进行旋转。它们与行星非常相似，不过它们的体积要小得多。体积最大的小行星是谷神星，它的直径仅为大约580英里（930千米）。在太阳系内，仅有10颗小行星的直径超过了155英里（250千米）。绝大多数的小行星都是由岩石构成的，这些岩石含有丰富的碳元素。还有一些小行星至少包含一部分的铁和镍。除了体积较大的小行星以外，大部分小行星的形状不规则。当这些形状不规则的小行星穿行于太阳系之中时，它们不仅会不断地旋转，而且有时还会翻筋斗。

什么是小行星带？

小行星带（也叫“主带”）是介于火星轨道和木星轨道之间的区域，也就是距离太阳1.5亿～5亿英里（2.4亿～8亿千米）的范围。绝大多数已知的小

行星都分布在这一区域内。小行星带本身也可以被分为几个区域，它们之间的无天体区域被称为“柯克伍德空隙”。由于美国天文学家丹尼尔·柯克伍德（1814—1895）首先发现了这些空隙，所以它们才被命名为“柯克伍德空隙”。

小行星带内体积较大的小行星包括哪些？

体积最大的4颗小行星分别是：谷神星、智神星、灶神星和健神星。其他一些有名的小行星包括：爱神星、加斯帕、伊达和戴克泰。表12中还列出了其他一些体积较大的小行星。

表12　太阳系中体积较大的小行星

名　称	平均几何直径（千米）	名　称	平均几何直径（千米）
谷神星	950	西维亚	290
灶神星	530	赫克托耳	270
智神星	530	欧佛洛绪涅	260
健神星	410	欧诺弥亚	260
黛维达	330	原神星	240
英特利亚星	320	朱诺	240
欧罗巴52	300	灵神星	230

所有的小行星都位于小行星带以内吗？

答案是否定的。在太阳系的其他区域内还存在许多小行星。1977年人类发现的凯龙星就是一个典型的例子，这颗小行星位于土星和天王星之间。另一个典型的例子是“特洛伊小行星群”，这些小行星在“拉格朗日点”附近围绕木星进行旋转。由于“特洛伊小行星群”的一组小行星位于木星之前，另一组小行星位于木星之后，所以这些小行星群可以安全地在轨道中运行，而不会撞击木星。

▶ 主小行星带内的小行星相距多远？

虽然在主小行星带内存在至少100万颗小行星，但是这些小行星之间的距离相当遥远，可以达到几千英里甚至几百万英里。这意味着天体穿行在小行星带时要躲避小行星风暴潮这种说法，不仅是富有戏剧性的，而且完全是虚构的。

▶ 什么是近地天体，它们很危险吗？

近地天体（NEOs）的数量即使达不到上千，也可以达到数百。它们实际上是一些小行星，这些小行星的运行轨道要穿过地球的运行轨道。实际上，近地天体有可能会撞击地球并对宇宙环境产生破坏。

▶ 天文学家们什么时候认识到了小行星的本质？

人类发现的第一批小行星分别是：谷神星（1801）、智神星（1802）、朱诺（1804）和灶神星（1807）。几十年以后，当利用天文望远镜进行天文观测的技术逐渐成熟时，人类又在火星和木星之间发现了几十颗体积很小的类行星天体。后来，人类又发现了几百颗同类的天体。到了19世纪中叶，天文学家们意识到这些天体实际上是小行星。

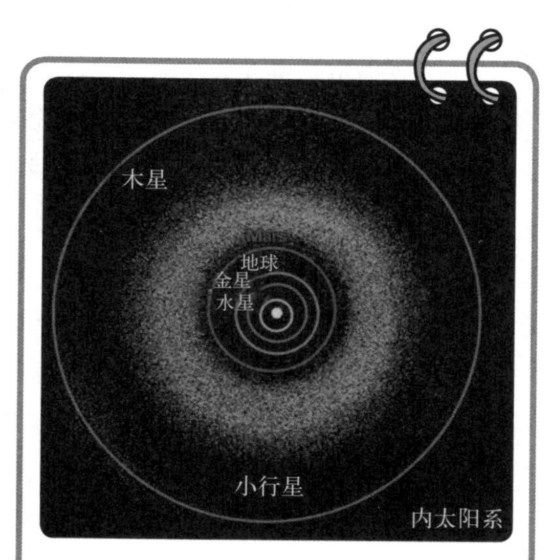

小行星带位于火星轨道和木星轨道之间。（美国国家航空航天局/美国宇航局喷气推进实验室-加州工学院/R. Hurt）

▶ 小行星是从哪里来的？

小行星的起源仍然是科学研究的一个题目。今天的天文学家们认为，绝大多数的小行星实际上

是小行星体。由于它们从来没有与其他天体发生过化合反应，所以最终没能成为行星。相反，一些小行星可能是行星或原行星的碎片，它们是由于天体的剧烈碰撞而形成的。

究竟有多少颗小行星？

如今天文学家们正在定期跟踪数千颗小行星。上万颗小行星已经被天文学家们所识别，这些小行星已经被天文学家们列入星表当中。根据天文学家们的估计：宇宙中至少存在100万颗小行星；我们在地球上可以观测到大约1/10的小行星。

谷神星是什么样的天体？它为什么那么重要？

谷神星是意大利的牧师朱塞普·皮亚齐（1746—1826）在1801年1月1日发现的。当时，皮亚齐发现了一个类似行星的天体，这个天体并没有被列入当时的星表。皮亚齐连续7个夜晚观测到这个天体。在相对固定的恒星背景下，这个天体发生了位移。它的运行速度比木星要快，比火星要慢。皮亚齐得出了结论：这个天体是一颗新发现的行星，它在火星和木星之间运行。他给这颗行星起名叫“克瑞斯”，“克瑞斯”是希腊神话中负责农业的女神，所以这个天体也叫谷神星。德国数学家卡尔·弗里德里希·高斯在同一年的晚些时候计算出了谷神星的运行轨道。

在以后的几十年间，谷神星一直被当作一颗行星。后来，天文学家们在火星和木星之间发现了大量的小行星。这时，他们意识到有必要对行星进行重新分类。于是，谷神星就从体积最小的行星变成了第一颗被发现的小行星。直到今天，谷神星仍然是体积最大的小行星。最近，在冥王星的地位被调整以后，天文学家们又重新调整了谷神星的地位。现在，谷神星不仅是体积最大的小行星，而且还是一颗矮行星。

彗　星

什么是彗星？

从本质上说，彗星可以被看做是“冰雪覆盖的泥球”或“泥土覆盖的雪球”。实际上，彗星是一些团状的岩石复合体，它主要包括尘埃、冰、甲烷和氨气。彗星在长长的椭圆轨道内围绕太阳运行。当它们远离太阳时，它们就是一些物理结构非常简单的固态天体。当它们靠近太阳时，由于温度的上升，彗星表面的冰会汽化，从而在彗核的周围形成慧发。物理结构非常松散的彗星蒸气会形成长长的彗尾，彗尾的长度可以达到几百万英里。

第一批彗星是什么时候被观测到的？

人们用肉眼可以观测到彗星。有时候，彗星看上去格外明亮美丽。毫无疑问，人类从远古时代就开始观测彗星。不过，人们通常只能在很短的一段时间内（几天或几星期内）观测到彗星。所以，人类对几乎所有的彗星观测活动都没有任何记载，而且人类在绝大多数时间内往往无法理解彗星观测活动。在很长时间内，人们会把彗星同大量的神话传说和封建迷信活动联系在一起。

天文学家们在什么时候计算出彗星围绕太阳的运行轨道？

到17世纪时，天文学家们已经得出结论：在地球大气层以外的宇宙中存在彗星。于是，他们开始计算彗星运动的起点和终点。约翰尼斯·开普勒（1571—1630）在1607年观测到一颗彗星。他得出结论：彗星是沿直线进行运动的，它们来自宇宙中无限远的地方，当它们经过地球以后，就永远不会回来了。一段时间以后，波兰天文学家约翰尼斯·赫维留（1611—1687）提出，彗星的运行轨道是略微弯曲的。17世纪晚期，乔治·塞缪尔·多非尔（1643—1688）提出，彗星的运行轨迹是一条抛物线。1695年，埃德蒙·哈雷

（1656—1742）最终得出了一个正确的结论：彗星沿着极扁的椭圆轨道围绕太阳运行。

▶ 第一颗获得永久名称的彗星是哪一颗？

英国天文学家埃德蒙·哈雷（1656—1742）与艾萨克·牛顿非常熟悉。牛顿是当时最伟大的天文学家之一。哈雷用毕生的经历为人类留下了丰富的天文研究遗产。除了绘制出第一幅气象地图以外，哈雷还对地球的年龄进行了科学的计算。1719年—1742年，哈雷一直是英国皇家天文协会的成员，这在当时是英国科学界的最高荣誉。

哈雷的重大天文发现之一是计算出彗星的运行轨道。这24颗彗星的运行轨道都是其他天文学家多年以来的研究成果，哈雷在研究了24颗彗星的运行轨道以后得出自己的结论。他发现有3颗彗星的运行轨道几乎完全相同，其中的一颗在1531年被观测到，另一颗在1607年被观测到，还有一颗是哈雷自己在1682年观测到的。这一发现使他得出结论：彗星围绕太阳进行运行，彗星会定期地出现在夜空中。1695年，哈雷写信给艾萨克·牛顿，他在信中说："我越来越确信，'自从1531年以来我们已经3次观测到那颗彗星了'。"根据哈雷的预言，这颗彗星将在76年以后（也就是1758年）再次被观测到。

不幸的是，哈雷没能亲眼再次看到那颗彗星。事实证明，哈雷的预言是正确的。人们用哈雷的名字来命名这颗彗星。直到今天，哈雷彗星仍然是世界上最著名的彗星。1986年，哈雷彗星再一次从地球的上空飞过。人类下一次看到哈雷彗星将要等到2062年。

▶ 海因里希·威尔海姆·马特乌斯·奥伯斯如何研究出一种计算彗星运行轨道的方法？

由于彗星的运行轨道是极扁的椭圆形轨道，所以与行星运行轨道和绝大多数小行星运行轨道相比，它们更难计算。18世纪晚期，法国数学家皮埃尔－西蒙·德·拉普拉斯（1749—1827）为了计算彗星的运行轨道创建了一系列的公式。不过，这些公式过于麻烦，而且不易使用。1797

年，德国天文学家和内科医生海因里希·威尔海姆·马特乌斯·奥伯斯（1758—1840）研究出一种新的计算彗星运行轨道的方法。与拉普拉斯的方法相比，奥伯斯的方法不但更加精确，而且便于使用。奥伯斯也因此成为当时的重要天文学家之一。

作为一位非常受人们尊敬的内科医生，奥伯斯鼓励人们进行预防接种。此外，在几次霍乱流行期间，他都勇敢地治疗患者。1781年，奥伯斯在自家的二楼修建了一个天文台。1780年，他在22岁的时候观测到了第一颗彗星。奥伯斯在一生中一共发现了5颗彗星并计算出18颗其他彗星的运行轨道。根据他所提出的一个正确的假说：彗星的彗尾是由离开彗核的物质构成的，由于太阳的能量释放，彗尾总是被彗星拖在后面。奥伯斯还在1802年和1807年发现了历史上的第二颗彗星和第三颗彗星，它们分别是智神星和灶神星。

彗星73P/施瓦斯曼－瓦赫曼3号彗星围绕太阳运行的周期为5.5年。1995年，这颗彗星变成了四部分。如图所示，人们在2006年通过斯必泽太空望远镜观测到了其中的三部分。（美国国家航空航天局/美国宇航局喷气推进实验室－加州工学院/W. Reach）

彗星起源于哪里？

围绕太阳运行的绝大多数彗星起源于“柯伊伯带”或“欧特云”。这两个区域在太阳系中位于海王星的轨道以外。运行周期较短的彗星通常起源于“柯伊伯带”。然而，一些彗星和类似彗星的天体可能拥有体积更小的运行轨道，它们可能来自“柯伊伯带”或“欧特云”，但是，由于木星和其他行星之间的引力作用，它们的运行轨道发生了改变。

什么是“欧特云”？

“欧特云”是笼罩在太阳周围的一个球形区域。运行周期超过几百年的绝大多数彗星都来自这个区域，这些彗星通常被称为“长周期彗星”。人类从来没有测算过“欧特云”的范围。不过，根据科学家们的估计，“欧特云”的直径可以达到或超过1万亿英里（1.6万亿千米）。科学家们认为，几万亿颗彗星和类似彗星的天体分布在“欧特云”区域内。“塞德娜”是迄今为止人类所发现的第一个

谁是18世纪法国最著名的“彗星捕获者”？

查理斯·梅西耶（1730—1817）是著名的梅西耶星表的作者。梅西耶是18世纪法国最著名的“彗星捕获者”。他的第一份工作是为另一位天文学家约瑟夫·尼古拉斯·德莱索（1688—1768）当制图员。德莱索向梅西耶讲授了如何使用天文观测仪器。后来，梅西耶在巴黎的海军天文台继续从事办事员工作。接下来，他又在克吕尼博物馆的小天文台任职。在这期间，梅西耶发现了至少15颗彗星并记录下无数次的日食、月食、凌日和太阳黑子现象。1770年，他成为法国皇家天文协会的成员。很快，他完成了著名的梅西耶星表的第一部分。他在梅西耶星表中列出了许多夜空中的天体，例如，蟹状星云。此外，梅西耶还发现了许多彗星。

"欧特云天体"。

谁是简·亨德里克·奥尔特?

"奥尔特云"是以简·亨德里克·奥尔特(1900—1992)的名字命名的。他被公认为是当时的荷兰天文学的领军人物。他所从事的天文学研究涉及很多不同的领域,例如星系的结构和彗星的构成。他也是无线电天文学的开拓者之一。

1927年,奥尔特研究了一个在当时看来非常创新的观点,即银河系围绕自己的中心进行旋转。通过研究太阳附近的恒星运动,奥尔特得出结论:太阳系并不像原来人们想象的那样位于银河系的中心,而是位于银河系的外边缘附近。后来奥尔特致力于利用无线电天文学的理论模式和运算工具来解释银河系的结构。

奥尔特对彗星起源的研究使他在1950年提出,在冥王星的轨道外侧有一个形状像贝壳的区域,这个区域会向太阳外侧的四面八方进一步延伸几万亿英里,在这个区域内有几万亿颗彗星,这些彗星不仅旋转速率慢,而且内部的物理活动并不活跃。如果没有任何的气体云或恒星经过它们并破坏了它们的运行轨道,这些彗星将会继续待在那里。当气体云或恒星经过它们并破坏了它们的运行轨道时,它们就会沿着极扁的椭圆轨道飞向太阳或内太阳系。如今,这个由长周期彗星构成的区域被命名为"奥尔特云"。

当代最著名的彗星有哪些?

哈雷彗星也许是人类历史上最著名的彗星。它上一次飞越地球的上空是在1986年。人类在近代发现的其他著名彗星包括:苏梅克-列维九号彗星、百武彗星、海尔-波普彗星。其中,苏梅克-列维九号彗星在1994年发生断裂并坠入了木星;百武彗星在1996年飞越了地球的上空;海尔-波普彗星被许多人认为是"20世纪的彗星",它于1997年飞越了地球的上空。

哈雷彗星有哪些特征?

科学家们认为,哈雷彗星与其他彗星唯一不同的地方是哈雷彗星比绝大多

数的彗星体积更大，离太阳更近。1986年，欧洲航天局的“乔托”号探测器传回了关于哈雷彗星的两张照片和有关数据。这两张照片显示，哈雷彗星的长度大约为9英里（15千米），宽度大约为6英里（10千米），颜色是深黑色，形状有点像马铃薯，它的典型地貌是丘陵和山谷。由气体和尘埃构成的两股明亮的气流从哈雷彗星的表面喷射出来，每一股气流的长度大约为8英里（14千米）。哈雷彗星的表面以及慧发和彗尾所包含的气体都是由一些分子结构构成的。具体说来，它们主要包括水、碳、氮和硫。

海尔-波普彗星在飞越地球的上空时是什么样的？

海尔-波普彗星是两位天文学家在同一个夜晚发现的，这也就是为什么在这颗彗星的名字中间有一个连字符。1995年7月22日，阿兰·海尔（1958— ）在位于新墨西哥州的家中观测到了这颗彗星，托马斯·波普（1949— ）在位于亚利桑那州的家中观测到了这颗彗星。1996年，人类第一次可以用肉眼观测到海尔-波普彗星。在1997年3至4月的将近两个月的时间里，海尔-波普彗星的亮度达到了最大值。与前一年飞越地球上空的百武彗星

人类对哈雷彗星的观测活动已经持续了多长时间？

人类在这颗彗星得到目前的名字以前就早已开始了对它的观测。人类历史上第一次有记载的哈雷彗星观测可以追溯到两千两百多年以前。从那以后，哈雷彗星每次经过地球的上空，至少会有一个国家的人们将它的轨迹记载下来。公元前240年，中国的天文学家们注意到了哈雷彗星的存在，并将一位皇后的死亡与哈雷彗星的存在联系起来。公元前164年，古巴比伦的天文学家们记载了哈雷彗星的再次光临。公元前12年，罗马的天文学家们认为哈雷彗星的出现与君主玛尔库斯·维普撒尼乌斯·阿格里帕的死亡有关。

一样，海尔-波普彗星也拥有一个发蓝的离子彗尾和一个黄白色的尘埃彗尾，这两个彗尾都是从其他彗尾延伸出来的。

▶ 苏梅克-列维9号彗星发生了怎样的变化？

当苏梅克-列维9号彗星与木星这颗行星相遇时，它们之间发生了碰撞。这是人类第一次观测到太阳系内的天体碰撞。当这颗彗星在1994年的春天与木星相遇时，它断裂成了一系列的碎片。1994年7月，天文学家们惊讶地观测到，这些碎片一个接一个地掉入了木星厚厚的大气层中。

六 地球和月球

地　　球

什么是地球?

地球是太阳系的第三大行星。它距离太阳9 300万英里(1.5亿千米)。在类地行星中,它的体积和质量是最大的。它的内部结构包括一个金属内核,一个厚厚的岩石地幔和一个薄薄的岩石地壳。其中,在地核区域内既存在液态物质,又存在固态物质。

最初人类是如何测算出地球的相关数据的?

研究地球的体积和形状的学科被称为测地学。人类展开测地学的相关研究已经有几千年了。早在2 000年以前,希腊裔埃及天文学家和数学家埃拉托斯特尼通过研究太阳的影子,计算出地球是一个周长大约2.5万英里(4万千米)的球状天体。这一测算结果与目前测算出的结果惊人相似。

在人类文明的历史长河里,随着人类文明的起伏跌宕,人类所掌握的地球知识也几次经历了从流失到再发现的过程。例如,到15世纪的中叶,虽然航海家和学者们已经充分地意识到地球是一个球体,而绝大多数远离海洋的欧洲人仍然认为地球是扁的。当时的科学家对地球的体积还不是十分有把握。例如,克里斯托弗·哥伦布曾经认为地球的体积非常小，他相信，从西班牙向西航行到达印度要比向东航行花费的时间少。当然，在实际的航行中，他经过了加勒比海和美洲大陆。

终于，在17世纪和18世纪，欧洲人研究出能够测算出地球的体积和形状的技术。荷兰的物理学家、天文学家和数学家威利布朗·斯奈尔（1580—1626）解释了光线在不同的介质当中为什么会有不同的弯曲角度，他还进一步利用这些数学理论研究出如何利用三角学来测算距离。他所提出的斯奈尔定律直到今天还被人们所熟知。他利用一个巨大的1/4圆周来测算两个点之间的分离角度。斯奈尔利用上面的原理计算出任意两点间的距离。最终，他成功地测算出地球的半径。

德国数学家和自然科学家卡尔·弗里德里希·高斯（1777—1855）也研究了这个问题。从1807年—1855年，高斯一直担任格廷根天文台的主任。在这期间，他开始对测地学产生了兴趣。1821年，他发明了一种叫“回光仪”的设备。由于这种设备可以在很远的距离内反射太阳光，科学家们在进行天体勘测时可以利用它来为天体准确定位。

是否曾经有来自外层空间的天体撞击过地球?

每时每刻，都会有来自外层空间的微粒和天体在撞击地球。据估计，每天会有一百多吨来自外层空间的物质落在地球的表面。绝大多数这些物质是由体积比沙粒还要小的星际尘埃构成的。其他类型的物质也会撞击地球，这些物质包括小到亚原子微粒、大到流星的各种物质。其中，微中子和宇宙射线是典型的亚原子微粒，而流星往往是由一些大块的岩石和金属构成的。实际上，在很久以前，就有体积巨大的天体撞击过地球。就在几十亿年以前，至少有一颗直径达几千英里的原行星撞击了地球。许多科学家认为，这一天文事件导致了月球的形成。

地球的公转和自转

▶ 地球是如何进行旋转的?

地球的旋转主要是由于在地球的形成过程中产生了角动量。地球的运动主要有3种形式,其中最明显的是地球的自转。地球的自转周期是23小时56分钟,正是由于地球的自转才会产生昼夜更替的现象。地球还会拥有岁差和章动现象。所谓岁差,就是指地球的旋转轴的抖动。所谓章动,就是指地球的旋转轴的前后摆动。上述两种天文现象主要是由于月球在围绕地球运转时对地球产生了引力。正是由于岁差和章动现象,地球的南北两极在很长时间以后才会分别指向不同的恒星。

▶ 科学家们如何证明地球在不断地旋转?

英国天文学家詹姆斯·布拉德雷(1693—1762)在1742年—1762年一直是英国皇家天文协会的成员。布莱德利首先找到了地球正在进行公转和自转的证据。当布莱德利努力地测算恒星的视差时,他注意到夜空中所有的恒星在一年中发生了等距离的位移。所谓视差,是指由于地球围绕太阳的旋转而观测到的恒星的角动。1728年,布莱德利明确地意识到,他所观测到的恒星运动,是由于当恒星的光线向地球的方向运动时地球也在向星光的方向运动,这一效应被称为星光的“光行差”。这种效应与下面的情形非常类似:一个人在雨中行走,由于一些雨滴落向了这个人的前进方向,他不得不将雨伞前倾。上述现象不仅证明了地球处于运动状态,而且表明了地球正在旋转。

1852年,法国科学家让-伯纳德·利昂·傅科(1819—1868)利用下面的方法证实了地球的旋转。他用一条长200英尺(60米)的绳子在巴黎万神殿纪念馆的圆盖形天花板上悬挂了一个巨大的摆锤。在摆锤的底部有一个摆尖,它可以在沙盘上划出摆锤的运行轨迹。在一整天的时间里,悬挂在万神殿天花板上摆锤的运行轨迹是恒定的。不过,摆尖在沙盘上划出的线却开始缓慢地向右侧

这幅著名的地球图像是由阿波罗17号上的宇航员拍摄的。(美国国家航空航天局)

谁是傅科，他是如何得出摆理论的相关结论的？

让-伯纳德·利昂·傅科（1819—1868）是当时科学界的领军人物。除了提出摆理论以外，傅科还发明了陀螺仪。同时，他对光速的测算在当时是最准确的。此外，他还改进了天文望远镜的设计。傅科还是一位完成了许多作品的作家。他不但撰写了多部算术、几何和化学教材，还为一份报纸的科学专栏撰稿。

傅科与物理学家阿曼德·斐索（1819—1896）合作用照相机首次为太阳拍照。他们为太阳拍照时所使用的技术实际上是银版照相法，也就是在一块镀了一层银粉的光敏玻璃板上进行照相。同如今使用的胶卷和探测器相比，早期的玻璃板对光线的敏感度非常低。所以，为了照相，斐索和傅科必须把照相机放在户外聚焦一段时间。由于聚焦的时间过长，同地球相比，太阳的相对位置会发生很大的改变。所以，斐索和傅科拍出来的照片往往模糊不清。在解决这一问题的过程中傅科得到了启发，他发明了一个靠摆进行驱动的装置。利用这个装置，傅科可以使照相机始终与太阳在一条直线上。

偏移。最终，这条线变成了一个完整的圆形。这个完整的圆环与半天的时间相对应。虽然“傅科摆”的结构非常简单，但是它却帮助人们在地球的表面验证了地球旋转的真实性。从此以后，人们不再认为地球的旋转是太阳和其他恒星的旋转所产生的视觉错觉。

地球旋转得有多快？

地球每23小时56分钟会自转一周。虽然地球的自转周期并不是24小时整，但是它毕竟与24小时非常接近，所以人们在设计时钟和日历时才会把一天确定为24小时。同时，人们又利用其他的方法来补充地球的实际自转周期与计时方法之间的时间差。

由于地球在很大程度上是一个固态天体，所以地球的每一部分自转一周所用的时间是相同的。这意味着一个站在地球赤道上的人实际上在以大约每小时1 040英里（1 670千米）的速度进行旋转，这一速度差不多相当于商用喷气式客机的两倍。当然，如果这个人向南极或北极的方向运动，上面提到的速度就会降下来。到了南极点或北极点，它会减少为零。

大 气 层

地球的大气层究竟有多厚？

地球的大气层会从地球的表面向上延伸几百英里。越接近地表，大气层的密度越大。反之，越远离地表，大气层的密度越小。地球大气层大约一半的气体集中在距离地表几千米的范围内。95%的大气层气体分布在距离地表12英里（19千米）的范围内。

地球大气层是由哪些气体构成的？

地球的大气层包括78%的氮、21%的氧、1%的氩和不到1%的水蒸气以及二氧化碳等其他气体。

地球的大气层包括哪几层？

地球大气层的最底层叫对流层。这一层实际上就是我们呼吸到的空气。它不仅包括各种云

孕育生命的地球大气层不仅包括氧气和二氧化碳等动植物生存所必需的气体，还包括可以保护生命免受辐射危害的臭氧等其他气体。（美国国家航空航天局）

彩，而且包括各种天气现象。对流层的上面是同温层，它的起始高度大约为地表以上9英里（14千米）。同温层的温度可以达到寒冷的−58 ℉（−50℃）。在50～200英里（80～320千米）的高空区域，温度会急剧上升，而大气层的密度会非常低，这一区域通常被称为热电离层。在热电离层的上方就是地球大气层的最上层，它被称为外气层或电离层。在这个区域内，气体分子会分裂成原子，而许多原子又成了带电粒子。也就是说，这些原子发生了电离现象。

什么是中间层和臭氧层？

中间层位于同温层的最上层。在中间层的下面，在海拔25～40英里（40～65千米）的范围内，同温层的温度相对较高。在这一区域内还包括大量能够阻挡紫外光的臭氧分子。所以，这一区域被称为臭氧层。

地球的大气层在不断地变化吗？

地球的大气层处于不断的变化当中。当然，这一变化实际上是一个渐进的过程。地球的一个变化周期可能要持续几千年的时间。在这一过程中，氧气、二氧化碳和其他气体的复合体会不断地上升或下降，由细小的尘埃微粒构成的复合体也会不断地上升或下降，炭黑就是一种典型的尘埃微粒。

在过去的大约几百年间，随着人口的增长和工业的发展，某些气体复合体和尘埃微粒复合体发生了很大的变化。这种变化所需要的时间比过去20万年任何同类变化所需的时间都少，而这种变化的规模要超过过去20万年间的任何同类变化。大气层中最显著的变化是二氧化碳含量的显著增加，从而导致了大规模的温室效应。一些科学家们认为，在目前的情况下，地球平均温度的上升速度显然高于正常生态地质环境下的升温速度。

地球的大气层是如何形成的?

地球大气层中的一些气体可能来自太阳星云,它们是在45亿年前的地球形成时期被捕获的。科学家们认为,地球大气层中的绝大多数气体蕴藏在地表以下,它们要么通过火山的喷发喷出地表,要么从地壳的缝隙里冒出来。水蒸气是从地下涌出的数量最多的气体,当水蒸气凝结的时候,就形成了海洋、湖泊和其他地表水资源。二氧化碳是从地下涌出的数量第二多的气体,绝大多数的二氧化碳会溶解于水或通过化学反应与地表的岩石复合在一起。从地下冒出的氮气的数量非常少,但是它们没有经历大量的凝结过程和化学反应。所以,地球大气层中的氮气含量非常高。

在普通行星的大气层里,氧气的含量不可能像地球大气层这么高。这是因为氧气是一种非常活跃的气体,它很容易同其他化学元素发生化学反应。为了保持氧的气体形态,必须不断地对它进行补充。在地球上,这一过程主要是通过植物和水藻的光合作用来实现。植物和水藻在光合作用中,会不断地从大气层中吸取二氧化碳并向大气层补充氧气。

地 球 磁 场

什么是地球磁场?

磁力存在于地球的每一个角落。从本质上来说,地球就像一个巨大的球形磁铁,磁力主要是由于地球内部的电流运动而形成的。这些电流也许可以穿越地壳的液态金属部分。地壳之所以可以发挥发电机的作用,除了由于上面的因素以外,还包括地球旋转的因素。地球磁场也正是在这种情况下慢慢地形成的。

地球磁场可以从地表向太空延伸几千英里。磁场线不但可以携带磁力而且可以产生磁力。地球的磁场线通常从地球的南北两极开始向外延伸,并最终形成巨大的圆环形。不过,它们有时也会向太空延伸。地球磁场的南北两极与地球地理的南北两极非常接近。实际上,地球地理的南北两极

的方向与地球自转轴的方向是相同的。顺便提醒大家注意的是，有两种定义地球磁场两极的方法。具体说来，有人认为地球的“地磁北极”位于加拿大的一个岛屿上，但地球的“地磁北极”实际上位于格陵兰岛上。当然，地球的“地理北极”位于北冰洋的一个冰层上，这个冰层距离周围的任何岛屿都有几百英里。

▶ 人们如何发现了地球拥有磁场这个事实？

古时候的中国人首先使用磁铁作为航海用的指南针。不过，当时的人们并没有意识到，正是由于磁铁与地球的磁场位于一条直线上，所以指南针才会发挥它的功效。由于地球磁场的南北两极与地球地理的南北两极非常接近，所以在世界上的绝大多数地区指南针都几乎完全指向正南或正北方向。

在很长一段时间内，科学家们一直把天然磁石同地球的本质联系起来。例如，英国天文学家埃德蒙·哈雷（1656—1742）为了研究地球的磁场，曾经随英国皇家舰队的一艘船只在大西洋上航行了两年的时间。后来，德国的数学家和自然科学家卡尔·弗里德里希·高斯（1777—1855）发现了磁铁和磁场的重要工作原理。高斯还创建了第一个专门研究地球磁场的专业天文台。高斯和同事威廉·韦伯（1804—1891）共同计算出了地磁两极的位置。所以，人们今天用高斯的名字命名了磁场力的一个单位。此外，威廉·韦伯对电的研究也是非常有名的。

▶ 地球磁场的力量究竟有多大？

用普通人的标准来衡量，地球磁场的力量是相当弱的。在地球表面的绝大多数地方，地球磁场的力量大约为1高斯（一台冰箱的磁力为10～100高斯）。不过，磁场的能量在很大程度上取决于它的体积。由于地球磁场的体积要超过整个地球，所以，地球磁场的整体力量是相当惊人的。

▶ 地球磁场发生过改变吗？

答案是肯定的。实际上，地球的磁场处在不断地变化当中。不过，这一变化过程是相当缓慢的。地球磁场南北两极每年都会移动几千米的距离，移动方向看上去毫无规律。经过几千年以后，地球磁场的强度可能会明显上升，也可能会明显下降。更令科学家们感到惊讶的是，地球磁场的方向会发生逆转。也就是说，地球磁场的北极可能会变成地球磁场的南极，反之亦然。根据科学家们的测算，在大约80万年以前，地球磁场的方向曾经发生过一次逆转。

▶ 如果地球磁场的方向发生了逆转，地球上会出现什么样的现象？

实际上，即使地球磁场的方向发生了逆转，我们的日常生活也不会受到太大的影响。科学家们经过多年的测算发现，在过去的一个世纪里，地球磁场的强度大约减少了6%。所以，一些科学家们认为，地球磁场发生方向逆转的时间只会提前不会错后。于是，有人提出了一些毫无科学根据的假说，例如，有人认为，由于地球磁场的方向逆转很有可能引发一次环境灾难。从科学的角度来看，我

人类是如何懂得地球磁场的方向会发生逆转的道理的？

1906年，法国物理学家伯纳德·布容（1867—1910）发现了地球磁场的震动，由于这种震动，地球磁场的方向会发生逆转。布容的观点在日本地质物理学家松山基范（1884—1958）所进行的研究中得到了进一步的证实。松山基范在1929年研究了一些古代岩石并得出结论：在地球演变的过程中，地球磁场的方向先后经历了多次逆转。今天，科学家们通过研究岩石和嵌入岩石中的化石微生物进一步证明，在过去的360万年内，地球磁场的方向至少经历了9次逆转。

目前人们还不知道地球磁场方向发生逆转的确切原因。根据目前的假说，这一现象应该是由地球内部的物理活动所导致，而不是由太阳活动等外部的原因所导致。

们没有理由相信这种灾难真的会发生。

▶ 太阳系内的其他天体也会经历磁场方向的逆转吗?

是的,所有拥有磁层的行星和恒星都会经历磁场方向的逆转。例如,太阳的磁场每11年就会经历一次方向的逆转。天文学家们通过观测和研究发现在其他天体内的磁场方向逆转,可以进一步了解地球磁场内的各种变化。

▶ 什么是极光?

极光是夜空中呈现出来的明亮的五颜六色的光线。当来自太阳的带电粒子(通常情况下是一些太阳风粒子,有时候是来自日冕层的喷射物)进入大气层时,就有可能出现极光。由于地球磁场的作用,带电粒子会指向南极或北极的方向。带电粒子在运动的过程中,还会将某些气体分子电离,也就

由于太阳风撞击了地球的上层大气层,产生了五颜六色的南极光和北极光。(iStock)

是使电子离开这些分子结构。当电离的气体和它们的电子再次组合在一起时，它们就会呈现出特殊的颜色，这些发光的气体会像波浪一样在夜空中起伏不定。

在哪里可以观测到极光？

极光（也被称为南极光或北极光）在靠近南北两极的高海拔地区是最为明显的。在低海拔地区，如果夜空比较晴朗，观测者在远离都市灯光的地方有时也可以观测到极光。每隔一段时间（也许大约每隔一年的时间），在美国以北的地区都可以看到极光。极光所呈现出的颜色可能格外漂亮。它们的颜色五彩斑斓，在这当中既包括略微发白的绿色，又包括深红色，还包括其他一些美丽的颜

在位于俄亥俄州克利夫兰的路易斯科研中心，在电子推进实验室工作的一位科学家利用等离子体推进器人工模拟出范艾伦带。（美国国家航空航天局）

色。它们的形状同样变化很多，有的像狭长的旗子，有的像弓形，有的像窗帘，还有的像贝壳。

▶ 在其他行星的表面也会有极光现象吗？

任何行星，只要它拥有磁场，就会有极光现象。在木星和土星的磁场两极附近就存在美丽的极光。天文学家们不但观测到了这些极光，还拍摄了这些极光的照片，它们的体积有时可能超过整个地球。

范 艾 伦 带

▶ 什么是范艾伦带？

范艾伦带是围绕地球运行的两个带状区域，它们都是由带电的粒子所构成的，形状看上去就像厚厚的油炸圈饼。在地球赤道的上空，它们的厚度达到了最大值。在南北两极地区，它们会向地表方向弯曲倾斜。这些带电的粒子来自外层空间（通常来自太阳），它们被限制在地球磁层的两个区域内。

由于这些粒子是带电粒子，它们通常会围绕或沿着磁层的磁力线进行运动。随着磁力线从赤道地区向外延伸，带电粒子会穿梭往来于地球的磁场两极之间。离地球较近的范艾伦带位于大约海拔2 000英里（3 000千米）的高空，离地球较远的范艾伦带位于大约海拔1万英里（1.5万千米）的高空。

▶ 范艾伦带是如何被发现的？

1958年，美国将第一颗人造卫星“探险者1号”发射升空。在“探险者1号”携带的科学试验设备当中有一个辐射探测器，它是由詹姆斯·范艾伦（1914—2006）设计的。当时，范艾伦是爱荷华大学的物理学教授。正是他设计的探测器在地球磁层内发现了两个由高能带电粒子组成的带状区域。后来，人们将这两个区域命名为范艾伦带。

目前微中子撞到了我们每个人吗？

地球上的每个人和每平方英寸的表面都在受到来自微中子的撞击，这些微中子都来自太空。在每秒内有数十亿的微中子撞击了每个人的身体。

幸运的是，微中子不会与任何物质相互作用。这些物质当然包括人体内的分子和原子。所以，虽然在每秒内会有数十亿的微中子撞击人的身体，但是这一过程不会对人的身体产生任何可以辨别的影响。实际上，撞击地球的任何微中子与地球上的任何原子发生相互作用的概率大约仅为十亿分之一。即使这种相互作用真的发生了，其结果也只不过是微微地闪过一道对人体无害的光线。

太阳系内的其他天体也拥有范艾伦带吗？

是的，所有气体巨行星都拥有这样的带状区域。天文家们经过观测，已经证明在木星的磁场内拥有一些这样的带状区域。

微 中 子

什么是微中子？

微中子是一种体积很小的亚原子微粒，它的体积比原子核还小。它不仅质量小，而且不带有任何电荷。电子的质量比微中子多几千倍，质子和中子的质量比微中子多几百万倍。由于微中子的体积相当小，所以它可以轻松地穿过宇宙中几乎所有的物质。在这一过程中，微中子既不会对经过的物质产生任何的干扰，也不会与这些物质发生化学反应。

微中子的存在是如何被证明的？

奥地利物理学家沃尔夫冈·泡利（1900—1958）在1930年首先提出：宇宙中存在微中子。泡利注意到在贝塔衰变这一放射引起的物理过程中，观测到的整体质量的变化范围远远超过了理论预测的结果。他进一步进行推论，要想解释上述现象，就一定存在携带了多出质量的另一种微粒。由于多出的质量非常少，所以假说中提到的微粒一定体积非常小，而且不携带任何电荷。几年以后，意大利物理学家恩里科·费密（1901—1954）为这种神秘的微粒起名叫“微中子”。不过，科学家们在此时还没有通过实验证明微中子的存在。

什么是“太阳的微中子问题”？

从微中子天文研究出现之日起，在核聚变理论与实际观测到的来自太阳的微中子的数量之间就存在矛盾的地方。地球上的微中子望远镜所观测到的微中子的数量仅仅大约相当于理论数值的1/2。科学家们一次又一次地检验了观测数据。结果，这一观测数据每一次都得到了进一步的证实。这一悬而未决的问题被称为“太阳的微中子问题”，即太阳核心区域产生的能量比人们预期的要少，还是核聚变理论本身是错误的？

在这一问题被发现以后，又过了将近40年的时间，这一问题才得以最终解决。实际情况证明，当微中子撞击地球大气层时，它们的物理特性发生了改变。这意味着，当微中子离开太阳时，它们的数量与理论数值是一致的。不过，很多微中子一接触到地球的大气层，就改变了自己的物理特性。所以，那些位于地下深处的微中子望远镜根本无法发现它们。这一发现是基础物理学领域的一个重大突破，它证明了微中子的重要物理特性。当我们了解了微中子的物理特性以后，就可以进一步研究宇宙物质的基本特性。

1956年，美国物理学家克莱德·科万（1919—1974）和弗雷德里克·莱因斯（1918—1998）在位于南卡罗来纳州萨凡纳河畔的一个特殊的核设施内发现了微中子。

▶ 既然微中子这么难以捉摸，科学家们又如何能观测到它们撞击地球的现象呢？

要研究这些来自太空的微中子，我们可以通过观测微中子与地球物质之间的极为罕见的相互作用来实现。不过，我们这时使用的望远镜不是传统的望远镜。1967年，人们在美国南达科他州霍姆斯特克金矿的地下深处建成了第一个效果极佳的微中子探测器。美国科学家雷蒙德·戴维斯（1914—2006）和约翰·巴考尔（1934—2005）在那里建成了一个装有10万加仑高氯酸盐（被当作干洗流体来使用）的大罐子，这里的高氯酸盐在纯度方面几乎可以达到100%。他们实际上是利用这种液体来监控观测微中子与地球物质之间罕见的相互作用。在后来进行的实验当中，人们为了发现微中子，还使用了其他的物质，如纯净水。

▶ 微中子来自什么地方？

绝大多数撞击地球的微中子来自太阳。太阳核心区域的核聚变反应会产生大量的微中子。众所周知，太阳光要花几千年的时间才会离开太阳的核心区域。而微中子只需要不到3秒的时间就可以离开太阳的核心区域，微中子从太阳到达地球只需要8分钟的时间。

▶ 除了太阳以外，有没有来自其他天体的微中子撞击过地球？

1987年，人们观测到了几个世纪以来第一颗用肉眼可以观测到的超新星，它出现在南半球的天空中。几乎与此同时，位于世界各地的微中子探测器记录下比平时多出19次的微中子反应。从全球的角度来看，19次微中子反应并不算多。但是，这是科学家们第一次证实了来自太阳以外的其他天体的微中子反应。所以，这一发现对相关科学研究可谓意义深远。

宇 宙 射 线

▶ 什么是宇宙射线?

宇宙射线是一些无法观测到的高能粒子,它们从四面八方不断地撞击地球。绝大多数的宇宙射线是运动速度极快的质子。它们也可能是任何化学元素的原子核。它们进入地球大气层时的速度可以达到或超过光速的90%。

▶ 谁发现了宇宙射线?

澳大利亚裔美籍天文学家维克多·弗朗兹·赫斯(1883—1964)对科学家们在地面和大气层中发现的神秘辐射现象非常感兴趣。这种辐射可以改变验电器(验电器是一种用来检测电磁活动的仪器)表面的电荷数,即使这个验电器被放在密封的容器中。赫斯认为这种辐射来自地下。同时,赫斯还认为在高空这种辐射将无法被捕捉到。为了证明上述观点,赫斯在1912年进行了一系列热气球高空飞行实验,他在热气球上放置了验电器。其中,赫斯在夜间进行了9次实验,在日食期间进行了1次实验,这主要是为了证明太阳并不是辐射源。令赫斯感到意外的是,他发现热气球的飞行高度越高,所受到的辐射越强。这一发现使赫斯得出结论:这种辐射来自外层空间。由于在宇宙射线研究领域取得了突出的成绩,赫斯在1936年获得了诺贝尔物理学奖。

▶ 人们如何证明宇宙射线是一些带电粒子?

1925年,美国物理学家罗伯特·密立根(1868—1953)将验电器放置在湖泊的深处,他所发现的强烈辐射与维克多·弗朗兹·赫斯在热气球实验中发现的辐射类型完全相同。密立根是第一位将这种辐射称为宇宙射线的人。但是,密立根并不知道宇宙射线是由什么构成的。美国物理学家阿瑟·霍利·康普顿（1892—1962）于1932年在地球表面的许多地点对宇宙射线的强度进行了测算。结果，康普顿发现，高纬度地区（靠近两极的地区）的宇宙射线要比低纬度地区（靠近赤道的地区）的宇宙射线更强烈。康普顿进一步得出结论：地球磁场会影响到宇宙射线，它会使宇宙射线偏离赤道的方向而指向地球磁场的方向。既然我们已经证明电磁场会影响宇宙射线，那么宇宙射线显然是由带电粒子构成的。

宇宙射线从哪里来？

太阳会以太阳风的形式不断地向外喷射高能带电粒子流。显然，一部分的宇宙射线来自太阳。但是，并非所有的宇宙射线都来自太阳。剩余宇宙射线的来源至今仍然是一个谜。也许，遥远的超新星爆炸可以产生一部分宇宙射线。另外还有一种可能性，那就是由于星际磁场的作用，一些带电粒子的运行速度得到了大幅度的提高，这些带电粒子也是宇宙射线的一部分。

地球上的每个人都在接受宇宙射线的碰撞吗？

实际上，地球上的每个人每时每刻都在接受宇宙射线的碰撞。也许，地球上的每个人每秒都会被宇宙射线碰撞几次。通常情况下，碰撞到你的宇宙射线不会对你的健康产生任何危害。虽然宇宙射线的粒子携带了相当高的能量，但是撞击到每个人的宇宙射线携带的能量相对较低。不过，如果你来到了地球磁层以外，你的健康很有可能会受到威胁。在地球表面，磁层发挥着盾牌的作用，它可以重新调整宇宙射线的方向，使它们向地球磁场两极的方向运动。然而，在几千英里的高空，宇宙射线在人身体上的流量更高，所以它有可能对人体的细胞和系统产生更大的危害。

流星和流星体

什么是流星体？

流星体是从外层空间降落到地球表面的体积较大的微粒。流星体的体积变化很大，最小的流星体与一粒沙子的体积相当。在有记载的人类历史上，大约有3万个流星体被重新发现过。其中大约600个流星体主要是由金属构成的，其余的流星体主要是由岩石构成的。

什么是流星？

流星是从外层空间进入地球大气层但没有落在地球表面的微粒。这些微粒会在大气层内发生燃烧，并在一段时间内在天空中留下一个发亮的尾巴。流星的尾巴会一直追随着流星的运动轨迹。和流星体一样，流星的体积变化也很大。最小的流星与一粒沙子体积相当。不过，在绝大多数情况下，到达地球的流星的体积会超过一个篮球，这时我们通常把它们叫流星体。

流星和流星体来自哪里？

绝大多数流星，特别是在下流星雨时落在地球表面的流星，都是体积很小的彗星残余物，它们通常是在许多年前离开了地球的运行轨道。绝大多数的流星体比流星的体积大，它们通常是小行星和彗星的碎片。也许是由于其他天体的碰撞，它们离开了自己的主星并开始在太阳系内旋转，并最终与地球发生了碰撞。

什么是流星雨？

流星雨通常被称为“贼星”。这是因为它们在一瞬间会变得非常明亮，之后就飞快地划过夜空。在通常情况下，“贼星”大约每小时会出现在天空中一次。

历史上最著名的流星雨有哪些？

每年的8月，英仙座流星雨都会发生。这时，地球穿越了109P彗星/斯维弗特-塔特尔彗星彗尾的残余物。每年的11月，当地球穿越了55P彗星/坦普-塔特尔彗星残余物时，我们就可以欣赏到狮子座流星雨了。天空中流星诞生的区域被叫做辐射点。流星雨的命名方式主要是根据它们的辐射点的具体位置。正如它们的名字所暗示，英仙座流星雨和狮子座流星雨的辐射点分别是英仙座星座和狮子座星座。

有时候，大量的流星会连续几天晚上出现在夜空中。这些流星看上去来自夜空的同一区域。在每个小时内我们可以在夜空里观测到几十颗、几百颗（乃至几千颗）流星。我们把这些炫目耀眼的流星称为流星雨。最强劲的流星雨有时也被称为流星风暴。

科学家们如何了解到流星和流星体是来自外层空间的天体？

1714年，英国天文学家埃德蒙·哈雷仔细地研究了流星观测的报告。哈雷利用报告中的数据计算出流星的飞行高度和飞行速度。同时，哈雷得出结论：这些流星一定是来自外层空间。然而，其他一些科学家对这一观点表示怀疑，他们认为，流星和流星体要么像降雨一样是大气层中的天气现象，要么是由于火山爆发喷射到空

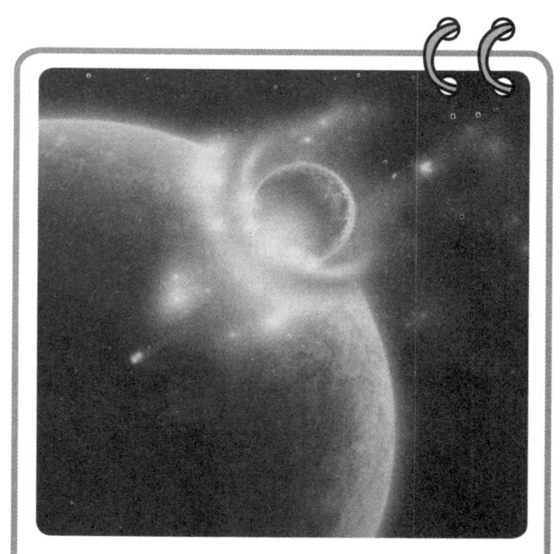

这是一幅经过艺术加工的图像。在图中，我们可以看到一颗流星进入了地球的大气层并发生了燃烧。（iStock）

中的岩屑。

1790年，法国的部分地区经历了一次流星雨，大量的岩石天体降落到地面上。德国物理学家乔治·克里斯托弗·利希顿贝格（1742—1799）安排他的助手恩斯特·佛罗仑斯·弗里德里希·克拉尼（1756—1827）去调查这一天文事件。克拉尼研究了关于这些岩石天体的报告，又研究了过去两个世纪的相关记录。最后，克拉尼得出了与埃德蒙·哈雷相同的结论：这些大块的岩石天体来自地球大气层以外。克拉尼进一步猜想，流星体是断裂行星的残余物。

1803年，随着一系列的巨响，两千多个流星体掉到了法国的土地上。法国科学研究院的让·巴蒂斯特·毕奥（1774—1862）收集整理了目击者的描述，并找到了一些落下的石头。毕奥测量了流星体残骸所覆盖的面积，然后又分析了这些石头的化学构成，最后得出这些石头不可能产生在地球的大气层里的结论。

体积最大的陨石究竟有多大？

世界上体积最大的陨石重达许多吨，它们几乎完全是由金属构成的。它们的直径可以达到大约10英尺（3.048米）。

流星体的年龄一般有多大？

绝大多数的流星体一般都有几十亿年的历史，它们在撞击地球以前已经在太阳系内部运行了相当长的时间。许多流星体与太阳系年龄相仿。即是说，它们已经大约存在了46亿年。在这么长的时间内，它们基本上没有发生过任何改变。

在哪里可以找到流星体？

我们在世界各地可以找到大量的流星体。由于流星体在地球上最初着陆的许多地点已经被现代文明破坏了，所以我们在一些偏远贫瘠的地区更有可能找到流星体，沙漠就是一个寻找流星体的好地方。事实上，绝大多数的流星体是在南极洲被人们发现的，因为南极洲不仅是一个无人居住的广阔地区，而且是一个没有被人类文明破坏的地区。

一共有多少种陨石？

陨石主要分为两大类：即岩石陨石和金属陨石。每一大类又可以根据类似特征进一步分为若干小类。例如，来自“灶神星（Vesta）”这颗小行星的陨石被称为Vestoids。很久以前，一次剧烈的天体碰撞产生了大量的灶神星碎片，从那以后这些碎片就一直在太阳系中运行。有一种球粒状陨石被称为Chondrites，它们通常是最古老的陨石。还有一种陨石被称为“石铁陨石”，它们是岩石和金属的复合体，它们可能产生于最大的小行星的边缘地带，这里正是岩石地幔与金属内核交接的地带。

科学家们通过陨石可以了解到什么？

由于陨石的年代非常古老，科学家们可以通过研究它们了解太阳系的早期历史。这就好比古生物学家通过研究化石来了解几百万年前地球上的古生物一样。我们在一些最古老的岩石陨石当中可以发现某些比太阳系的历史还要悠久的粒状物质。

金属陨石也可以被用来研究地球等行星的内部结构。例如，有一种陨石既包含金属物质又包含矿物质，它们共同存在于漂亮的复合结构中。科学家们通过研究这种“石铁陨石”，可以了解地球的金属内核附近的内部构造。

下落的流星和流星体非常危险吗？

普通的流星和流星体不会对任何人构成任何威胁。流星在到达地球表面之前就已经燃尽了，所以它们不会撞击到地面上的任何物体。由于流星体非常罕见，所以它们撞击到地面上的重要物体的概率几乎为0。

不过，一些意外的事情也的确发生过。例如，一个下落的流星体在1911年砸死了埃及的一条狗。又如，另一个流星体在1954年不仅吵醒了一位正在熟睡

位于亚利桑那州的“巴林格陨石坑”是地球上仅存的几个没有被侵蚀的陨石坑之一。有时，人们也把这个陨石坑称为“流星坑”。通过观察这个陨石坑，我们可以清晰地看到陨石当年撞击地球的痕迹。（iStock）

的妇女，而且撞到了这位住在阿拉巴马州的妇女的胳膊。此外，还有一个流星体在1992年将一辆雪佛兰汽车砸了一个洞。大约每隔10万年的时间，会有一个直径大约为100米的流星或流星体撞击地球。大约每隔一亿年的时间，会有一个直径大约为1 000米的流星或流星体撞击地球，这倒的确是很危险的事情。

▶ 在过去的10万年里，曾经撞击地球的最大的陨石是哪个陨石？

在大约5万年以前，一个直径大约为100英尺（30.48米）的金属流星体撞击了莫戈隆悬崖地区。莫戈隆悬崖位于今天的亚利桑那州。在撞击地球以后，这个金属流星体变成了碎片。同时，在沙漠中形成了一个陨石坑。这个陨石坑的直径将近1英里，它深度大致相当于60层楼。这个“流星坑”在今天通常被称为“巴林格陨石坑”，它是展示天体巨大动能的一个典型例子。这个陨石坑的边缘就有15层楼那么高。科学家们在很长时间内都为这个陨石坑的起源而感到困惑。他们曾经一度认为这个陨石坑是火山喷发的结果。不过，科学家们经过地

近代在地球大气层中燃烧分解的体积最大的流星是哪一颗？

在1908年6月30日的晚上，西伯利亚通古斯河附近的村民亲眼看见了一个火球在夜空中飞快地飞行。在目睹这个火球飞快地划过夜空以后，村民们又听见了一声巨响，接下来他们又听见了巨大的爆炸声。在位于1 000英里（1 609.344千米）以外的俄罗斯的伊尔库茨克，一个地震仪记录下了这一天文事件的全过程。这一天文事件在当时看上去更像发生在远方的一场地震。由于这一地区非常偏远，所以科考队伍直到1927年才到达了这里。令科考队员无法相信的是，有一千多平方英里（2 600多平方千米）的森林被烧毁或压塌。

现代科学计算已经证明：这次令人无法置信的爆炸是由一个体积较小的岩石小行星或彗星所导致，这个天体的直径大约为100英尺（30.48米）。计算机的模拟演示显示出这个天体进入地球大气层时的倾斜角度极有可能很小，所以它在森林上空的半空中就发生了爆炸。这次爆炸的威力比当年落在广岛的原子弹要大一千多倍。

质研究发现：这个陨石坑是流星体撞击地球的产物。科学家们在陨石坑内发现了大范围的浅层金属残留物。

在过去的1亿年里，撞击地球的体积最大的陨石是哪一个陨石？

在大约6 500万年前，一个直径大约为10千米（6英里）的陨石撞击了地球，这个陨石撞击地球的地点位于今天的墨西哥的南部。由于这次撞击在水下形成了一个直径超过100英里（160千米）的陨石坑。这个小行星或彗星所携带的动能要超过形成著名的“通古斯陨石坑”和“流星坑”的天体。这次爆炸所产生的热量在方圆几英里的范围内引起了火灾。同时，大量的地壳物质冲入了地球的

大气层中，以至于人们在连续几个月的时间内无法见到阳光。在这个天体坠入地球大气层的过程中，它的残骸的温度越来越高。当它最终落在地表时，它将地面上几乎所有的树木、灌木和草叶全部点燃。由于这次巨型陨石的撞击所导致的生态灾难极有可能对地球的演变产生了关键的影响，恐龙很有可能是在这次生态灾难以后从地球上消失的。

月　　球

什么是月球？

月球是地球唯一的卫星。它的直径为2 160英里（3 476千米），这一数值比地球直径的1/4略多。换个角度说，这一数值相当于俄亥俄州的克利夫兰与加利福尼亚州的圣弗朗西斯科之间的距离。月球围绕地球运转的周期为27.3天。

月球没有大气层，月球的表面也没有液态水。所以，月球上没有风和其他天气现象。在月球的表面，你将无法摆脱太阳射线的危害。由于月球上没有温室效应，所以月球上的热量无法被保留下来。月球温度的变化范围为−280～−148 ℉（−138～−100℃）。月球表面被岩石、山脉、陨石坑和低矮的平原所覆盖，这些低矮的平原通常被称为“月海”。

月球表面的重力加速度大约相当于地球表面的重力加速度的1/6。所以，如果你在地球上的体重是150磅（68千克），那么到了月球上你的体重就会变成25磅（114克）。不过，无论你是在地球上还是在月球上，你的质量都是一样的。

月球是由什么构成的？

虽然满月有时看上去非常像一个圆圆的奶酪，但是月球的表面实际上到处分布着岩石、鹅卵石、陨石坑和炭黑色的土壤。这层炭黑色的土壤主要是由一些岩石状或玻璃状的碎片构成的，它们的厚度深达几米。人们已经在月球表面发现了两种岩石，它们分别是玄武岩和角砾岩。玄武岩是变硬的熔岩，角砾岩是土壤和岩石的混合物。在月球的岩石中发现的化学元素包括铝、钙、铁、锰、钛、钾和磷。与富含铁的地球土壤不同，月球看上去不包含大量的金属元素。

月球离我们有多远？

月球与地球之间的平均距离为23.8万英里（38.4万千米）。这一数值是古希腊天文学家喜帕恰斯在公元前2世纪准确计算出来的。今天，人们利用激光测距仪测算出非常准确的数值。

月球是如何形成的？

多年以来，月球的形成过程一直是自然科学领域的一个不解之谜。科学家们一度认为：地球和月球是同时形成的两个相互独立的天体，后来由于它们之间的引力作用，两个天体形成了一个系统。科学家们在发现这两个天体拥有完全不同的化学构成以后，推翻了最初的假设。另一种观点认为，月球是在其他地方形成的，后来由于地球的引力，月球被吸引到绕地球运行的轨道内。众所周知，除非一个天体的体积远远大于另一个天体的体积，否则一个天体要想靠引力

这是“阿波罗11号”拍摄的一张图像。在图中，我们可以看到贫瘠的月球表面到处分布着陨石坑。（美国国家航空航天局）

捕获另一个天体几乎是不可能的。由于地球与月球的体积非常接近，所以这种观点显然也是站不住脚的。

在过去的几十年里，科学家们已经证明，月球的形成过程极有可能与两个行星天体的碰撞有关。几十亿年以前，地球上还没有生命。一个体积与火星相当的原行星以一定的角度撞击了地球。这个原行星的绝大多数物质掉到了地球上，它们从此以后成为地球的一部分。然而，还有一部分物质被喷射到太空中，这些尘埃和岩石形成了一个环状物，这个环状物会围绕地球旋转。数个星期以后，这个环状物中的大部分物质转化为月球的内核。又过了几百万年以后，月球的体积和形状渐渐地稳定下来。

月球在形成以后又是如何演变的？

科学家们认为，在月球形成以后的前10亿年里，大量的流星体与月球发生了碰撞，并在月球表面留下了大小不一的陨石坑。在流星体与月球发生碰撞时，产生了大量的能量。这些能量使月球的地壳发生了熔化。最终，随着地壳的冷却，涌出地表的熔岩填充到巨大的陨石坑或地缝当中。与那些年代更加久远的山脉相比，这些区域看上去更加昏暗，它们被称为“月海”。

哪位天文学家首先研究了月球的表面？

伽利略·伽利莱是第一位利用天文望远镜研究宇宙的天文学家。他观测到，月球的表面并不平坦，而是到处分布着山脉和陨石坑。此外，在月球的表面分布着一些广阔的黑暗区域，它们看上去很像地球上的海洋。所以，伽利略把它们称为“月海”。

哪些天文学家首先绘制出月球表面的陨石坑的分布图？

1645年，波兰天文学家约翰尼斯·赫维留（1611—1687）绘制出一幅月球的地图。在图中，我们不仅可以看到250个陨石坑，而且可以看到月球表面的其他特征。如今，赫维留被认为是研究月球地形学的第一人。几乎与此同时，意大利物理学家福兰西斯科·玛利亚·格里马第（1618—1663）自己建造了一台天文望远镜，他利用这台望远镜绘制了几百张月球图片，然后又将这些图片合成为一幅反映月球表面特征的地图。

我们如何来命名分布在月球表面的陨石坑?

月球表面的许多典型地貌，包括月海，都是用古迹的名字来命名的。陨石坑一般是用名人（特别是天文学家和其他领域的科学家）的名字来命名。国际天文学协会有一个特别委员会，月球表面的地名都是由这个特别委员会负责批准和记载的。

以地球为参照物，月球的位置一直没有发生过改变吗?

答案是否定的。月球过去曾经离地球更近。月球过去围绕地球的运行周期更短。将来，地球与月球之间的轨道距离将会增加。地月系统的角动量将会耗散，月球将会沿着螺旋线的轨迹向前运动，并最终与地球发生碰撞。根据目前的计算结果，在这一天文事件发生以前，太阳早已在距今50亿年以后转变成一颗红巨星并破坏了地月系统。

什么是“月亮人”?

所谓的“月亮人”，只存在于观测者的眼中。当我们在地球上对月球进行观测时，我们会观测到月球表面有许多巨大的陨石坑和面积广阔的“月海”（月球上的“月海”主要包括雨海、澄海和静海）。对于想象力丰富的观测者而言，这些地貌特征分别像人的眼睛、嘴和其他面部特征。

在一些地球观测者的眼中，月球看上去就像一个人的脸。所以，民间经常会出现关于“月亮人”的传说。（iStock）

在过去的1 000年里，不同社会和不同国家的人们对于月球上

出现的陨石坑和“月海”给出了不同的解释。在美国西南部的土著文化当中，“月亮人”被称作“叩叩湃力”，这个身体瘦弱而且脑袋很大的人一边吹着笛子，一边弯着后背，看上去就像一个拱形。在中国的古代文化当中，月亮根本不代表一个人，而是代表一只兔子。

什么是月球的“暗面”？

月球总是背向地球的一面被称为“暗面”。不过，这种叫法实际上是不科学的。几十亿年以来，月球的自转和公转总是同步进行的，所以月球的一面总是面向地球（这也是为什么在观测者的眼中，月球的方位会发生改变，而月球的形状不会发生改变），这种现象被称为“潮汐锁定”。它意味着在地球上永远无法观测到月球的另一面。对于所谓的“暗面”区域而言，虽然有时它看上去黯淡无光，但它有时也会被太阳光照亮。所以，科学地讲，所谓的月球的“暗面”，实际上应该被称为月球的“远面”。

为什么月球这么明亮？

月光实际上是经过反射的太阳光。古希腊天文学家巴门尼德在很久以前就发现了这一点。巴门尼德大约生活在公元前500年。根据月球在绕地球运行轨道内的不同位置，月球的不同区域会将太阳光反射到地球表面。由于地球和月球之间的距离太近，而月球的表面又是一个发光的表面，所以大量的太阳光在经过了月球的反射以后到达了地球的表面。

在伽利略时代，有没有虽然观测了月球但并没有因此而成名的科学家？

有趣的是，一个名字叫托马斯·哈略特（1560—1621）的英国人也利用天文望远镜观测了月球。他的观测活动要比伽利略的观测活动早几个月的时间。哈略特是一位著名的数学家，他对代数中的许多公式和符号进行了改进。他利用自己研制的天文望远镜观测了哈雷彗星、太阳耀斑和木星的卫星。不过，与伽利略不同的是，哈略特并没有将自己的观测结果记录下来并公开发表。而伽利略不仅将自己的观测结果记录下来，而且还公开发表了这些观测结果。同时，他还进行了相关的后续研究。所以，人们普遍认为伽利略是月球陨石坑的发现者。

为什么月球的形状看上去会发生改变？

当我们在地球上对月球进行观测时，到达月球表面和地球表面的太阳光的数量会不断地发生周期性的改变。这是由于在地球围绕太阳进行旋转的同时，月球还要围绕地球进行旋转。所以月球、地球和太阳之间的相对位置会不断地发生改变。这种定期变换的模式导致了月相。

月相的物理学原理是什么？

当月球位于地球和太阳之间时，新月就会出现。所有到达月球表面的太阳光都会被地球反射回去，所以我们根本无法观测到月球。在接下来大约两周的时间里，月相从新月变成了上峨嵋月、上弦月和凸月。经历了这一系列的变化之后，地球位于太阳和月球之间。在这个时候，所有到达月球表面的太阳光都直接照射到地球的表面，所以我们看到了圆圆的月亮。这时的月相被称为“满月”。在“满月”之后的两个星期里，月相又会先后经历残月、下弦月和下峨嵋月几个阶段。此后，一个新的月相周期又会重新开始。

月相的周期有多长？

月球围绕地球旋转的运行周期是27.3天，地球围绕太阳旋转的运行周期是365.25天。由于以上两个方面的因素，再加上月光实际上是经过反射的太阳光，

导致了月相的周期为29.5天。

月球对人能产生多大的引力?

虽然月球的质量相当庞大（它的质量数值为73.5与10亿的平方的乘积，单位为公吨），但是由于月球距离地球非常遥远（24万英里或38.4万千米），它对地球表面或位于地球附近的物体的引力是微乎其微的。月球产生的重力加速度相当于地球表面的重力加速度的30万分之一。总之，由于月球的引力非常微弱，人们根本无法感受到它的存在。

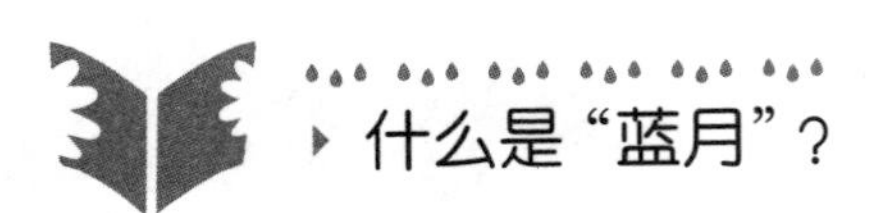

“蓝月”通常用来指一个月中出现的第二次“满月”。“蓝月”这一现象并没有任何特殊的天文研究价值。不过，作为一种有趣的天文巧合，它倒是很值得我们注意。

潮　汐

月球的引力会影响到地球吗?

当然会。虽然月球作用于地球的每个角落的引力是相当弱的。但是，当这些引力叠加起来以后，效果就会相当明显。月球的引力对海洋潮汐所产生的影响是最明显的。

什么是潮汐?

从根本上说，潮汐是两个天体长时间相互施加引力的结果。由于一个天体的引力，另一个天体的形状会变成鸡蛋形，这是由于天体的一侧受到的引力加速度要大于另一侧。在地球上，最明显的引力效应就是我们亲眼看见的潮汐变化。

▶ 产生潮汐的物理原理是什么？

每天，海水从高潮位到低潮位要经历两个循环，一个周期大约为13小时。当海水离月球最近或最远时，都会出现高潮位。当海水的位置介于近月点和远月点之间时，就会出现低潮位。

▶ 地球上海洋潮汐出现的频率如何？

在26小时的周期内，地球海洋里的每一个点都会经历包含两个最高点和两个最低点的一个周期。具体说来，这一过程就是先从最高点到最低点，再从最低点到最高点，最后再从最高点回到最低点。潮汐的周期实际上就是地球的自转周期（一天24小时），再加上月球围绕地球运转时轨道向东运动所花的时间（2小时）。

▶ 太阳会影响地球表面的潮汐吗？

答案是肯定的。太阳也会影响到地球上的海水潮汐。但是，太阳对地球潮汐的影响力大约只相当于月球对地球潮汐的影响力的一半。虽然太阳的质量相当于月球质量的数百万倍，但是太阳与地球之间的距离大约相当于月球与地球

地球也会在月球的表面引起潮汐吗？

地球的确会对月球产生影响。但是，由于月球的表面没有海洋和其他的水资源，地球对月球的影响力表现得不是那么明显。

之间距离的400倍。和任何引力效应一样，潮汐效应对于距离的变化是非常敏感的。

什么是“大潮”？

当月球处于“新月”或“满月”的阶段时，月球、地球和太阳在太空中几乎位于一条直线上。所以，与其他时候相比，地球海洋在此时所承受的引力效应被放大了。我们把这时的潮汐称为“大潮（spring tides）”。实际上，这种现象可能出现在一年的任何季节。也就是说，它与季节没有任何联系。英文名称所使用的“spring”一词实际上来自德语，它的意思是“跳起来”或“涨起来”。

什么是“小潮”？

当月球处于“上弦月”或“下弦月”的阶段时，地球与月球之间的连线会和地球与太阳之间的连线成特定的角度。这时，地球与这两个太阳系天体之间的相互作用将会根本不起作用。所以，高潮位与低潮位之间的差值在一个月中达到了最小值。我们把此时的潮汐现象称为“小潮”。

月球的引力效应会对地球产生怎样的影响？

由于月球的引力效应，地球的液态内核（如果从最低限度来看，也包括地核的固态部分）会轻微地发生前后方向的运动。不过，与海洋潮汐相比，这种运动的规模实在是小得多。经过几十亿年以后，这种引力效应会使地球内核的温度升高，这就好比你在手掌里反复地挤压一个橡皮球一样。这种热量最终会通过火山活动和板块构造运动释放到地球的表面。

地球的引力效应如何影响月球？

地球的引力效应使月球的旋转速度趋缓。过去，月球和今天的地球一样，也会进行自转。但是，引力效应会将月球的自转动力（在物理学中称为“角动量”）耗尽。因此，月球有一面总是面向地球。

由于地球和月球之间的相互引力，地月系统的最终命运会是怎样？

如果在无限长的时间内，地球和月球继续在没有外界干扰的情况下相互绕转，它们之间的引力作用会继续消耗它们的角动量。最终，月球将会经历“引力锁定效应”。地球的同一面将会一直面向月球的同一面。即使是在现在，月球的引力效应也在减缓地球的自转速度。100万年以后，地球上的一天将会比现在延长大约16秒。

时钟和日历

人类如何根据地球、月球和太阳之间的相对运动确定了现代的历法制度？

古代的天文学家们注意到：时间的3个长度单位不但是有规律的，而且是可以预测的。具体说来，由黑夜和白天构成的周期是“日”；月相的周期构成了“月”；根据日光的数量确定的周期就是“年”。然而，这些古代的天文学家并没有意识到，“一日”恰好是地球进行自转的周期；“一个月”恰好是月球围绕地球运转的周期；“一年”恰好是地球围绕太阳进行运转的周期。天文学家们最终计算出地球、月球与太阳之间的相对运动，并重新修改了他们的计时体系。例如，他们意识到，月球运转周期（27.3天）与月相周期（29.5天）之间的差异，是由于地球围绕太阳的运转。

最终，人们又根据计时装置的特点和长时间以来的风俗习惯，将“日、月、年”等计时单位进一步划分为更小的计时单位。另外，人们还利用“闰年”和“闰秒”等办法补充了普通时间单位与实际天文运动周期之间的差值。

谁确定了公历中“一年”的时间长度？

早在5 000年前，古埃及人就创立了以365天为1年的天文历法。他们把每

年又分为12个月，30天为1个月，到了年底再额外加5天。1 000年以后，丹麦天文学家第谷·布拉赫（1546—1601）精确地计算出公历中“一年”的时间长度。他的计算精确度可以达到3 000万分之一。也就是说，1年中的时间误差仅为1秒！

谁确定了公历中“一天”的时间长度？

古埃及人最初根据在夜空中观测到的一组星星来确定“一天”的时间长度。这组星星一共包括36颗，也被称为“星宿”。它们在夜空中升起和落下的时间间隔为40～60分钟。在10天的时间里，某一颗星星总是第一颗在夜空中升起的星宿。在这10天的时间里，这颗星宿升起的时间会一点点向后推，直到另一颗星星成为第一颗升起的星宿。所以，最初的“小时”是根据夜空中出现新的星宿的时间来确定的。在一个季节里，每天晚上可以看到12～18颗星宿。在仲夏时节，当夜空中出现12颗星宿时（包括天狼星在内），“小时”的正式划分方法被确定下来。这一天文事件恰好与一年一度的尼罗河涨水时间一致。尼罗河涨水是古埃及社会的重要事件。所以，古埃及人最终将夜晚确定为12个小时。白天的12个小时由一个叫“日规”的装置来确定。所谓的“日规”，就是将一个V字形的细棒固定在一个横杆上。随着白天的时间流逝，这个横杆会连续地在V字形细棒的表面留下自己的影子。就这样，由12小时的白天和12小时的黑夜构成的24小时计时系统被最终确定下来，并一直沿用到今天。

人类利用地球、月球和太阳的运动来研究时间的流逝已经有多久了？

一些保留至今的古代石刻历法至少有4 500年的历史。这清楚地表明，在4 500年前，人类已经确定了系统的计时方法，而且将这一方法应用于日常生活中。

以“年”为周期的现代历法的起源是什么？

古罗马人和古希腊人最初创制的历法可以追溯到公元前8世纪。在古罗马天文学家索西吉斯的帮助下，儒略·凯撒在公元前46年创制了“儒略历法”，这部历法是首部包含闰年的历法。所谓“闰年”，就是每隔4年要在365天的基础上多加1天。这样一来，每年的时间长度实际上就是365.25天。与地球的公转周期相比，“儒略历法”中的一年实际上只差了11分14秒。许多个世纪以后（也就是到了16世纪），这一历法的时间误差已经累积到了差不多11天的时间。

人类什么时候创制了现代历法？

1582年，罗马教皇格列高利十三世经过与天文学家的协商，对当时的历法又一次进行了修改。经过此次修改，消除了“儒略历法”中存在的一年的时长与地球公转周期（大约为365.242 2天）之间的11分14秒的差值。首先，格列高利历将一年的第一天提前了10天，3月21日成为每年的第一天。其次，它将闰年补充的天数减少为每400年3天，同时对确定闰年的规则进行了相应的修改。具体来讲，当一个年份能被4整除时，它要同时能被100整除，才被当作闰年；当一个年份能被100整除时，它要同时能被400整除，才被当作闰年。也就是说，1600年和2000年是闰年，而1700年、1800年和1900年则不是闰年；2100年、2200年和2300年同样也不是闰年。

格列高利历是现代历法的基础。它的误差平均为每年26秒（0.000 3天）以内。从长远的角度来看，为了使一年的周期与地球公转周期保持一致，我们还需偶尔在一年结束时补充1“闰秒”的时间。通过这种微调，我们可以保证现代历法在未来几千年的时间里始终与天体的实际运行状况保持一致。

月相的周期是如何与现代历法取得一致的？

虽然，人们在日常生活中通常是按照公历（公历是根据地球的公转周期来制定的）来安排自己的时间，但是月相的周期实际上也可以在很大程度上影响

到我们的生活。许多起源于古代的节日都是根据月相的周期来确定的。例如，复活节、逾越节、光明节、斋月和中国的农历新年。

季　节

什么是黄道平面？

黄道平面是地球围绕太阳公转的轨道平面。古代天文学家认为黄道就是天空中的一条线。当时，他们并不知道地球实际上是围绕太阳进行旋转。所以，他们只能跟踪观察太阳在以恒星作为参照物时的相对位置。尽管太阳会掩盖其他恒星的光芒，天文学家们还是每天计算太阳的位置。他们注意到，大约每隔365天，太阳的位置就会重叠一次。在此之后，太阳会沿着同样的轨迹进行运动。这条轨迹会在天球的周围留下一个圆圈。天文学家们利用12个黄道星座勾画出太阳的运行轨迹。

黄道平面与地球的赤道平面有什么区别？

赤道平面是地球的赤道向太空中无限延伸所构成的平面。实际情况证明：地球进行自转并不是完全处于黄道平面内，它的倾斜角度为23.5 。正是由于这种倾斜导致了一年的四季更替。

地球的公转如何引起了一年四季的形成？

一些人错误地认为季节的形成主要是由于在冬季，地球离太阳相对较远；在夏季，地球离太阳相对较近。实际上，这种观点是错误的。由于地球的椭圆轨道与正圆形非常接近，所以地球与太阳之间的距离并不是四季形成的原因。事实上，地球在1月初的时候离太阳最近，在7月初的时候离太阳最远。而这与我们的夏季和冬季正好完全相反。

季节的形成与阳光在某个时刻照射到地球的某个地点的角度有关。由于地

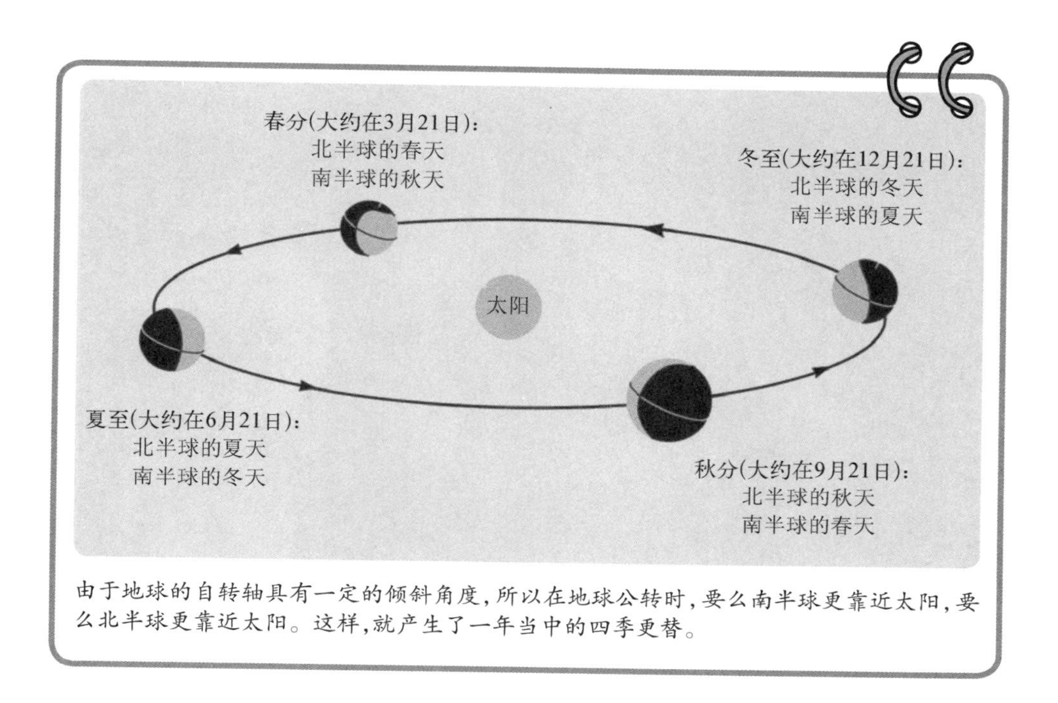

由于地球的自转轴具有一定的倾斜角度，所以在地球公转时，要么南半球更靠近太阳，要么北半球更靠近太阳。这样，就产生了一年当中的四季更替。

一年四季是从什么时候开始的，又是到什么时候结束的?

当我们讨论气候和天气时，一年四季的起点会因各地不同的地理位置产生差异。然而，从天文学的角度来说，春季的第一天应该是春分那一天，夏季的第一天应该是夏至那一天，秋季的第一天应该是秋分那一天，冬季的第一天应该是冬至那一天。

球的自转轴相对黄道平面发生了一定的倾斜，所以阳光照射的角度会在一年中不断地发生变化。即赤道平面与黄道平面之间存在23.5 的倾角。当地球的一部分向靠近太阳的方向发生倾斜时，相对应的地区就会经历夏天；当地球的一部分向远离太阳的方向发生倾斜时，相对应的地区就会经历冬天。当地球的一

我们在图中可以看到一次月食的不同阶段。（iStock）

部分介于两种情况之间时，相对应的地区就会经历春天和秋天。

什么是至日，至日一般会出现在什么时候？

至日是指一年中地球与太阳最近或最远的时刻。在夏至这一天，人们可以在比平时更长的时间里享受阳光。相反，在冬至这一天，人们只能在比平时更短的时间里感受到阳光的存在。在北半球，夏至大约出现在每年的6月21日，在这一天北极与太阳的距离最近；同样还是在北半球，冬至大约出现在每年的12月21日，这时北极与太阳的距离最远。

什么是春分和秋分，它们出现在什么时候？

在春分和秋分的时候，地球的赤道平面会与黄道平面交叉。即是说，这时的地球自转轴会与地球与太阳之间的连线相垂直。所以，此时的南北两极既不会“靠近”太阳,也不会“远离”太阳,而是介于两者的中间。在春分或秋分的时候,白天的时间与黑夜的时间是完全相等的。所以,这里所说的“分”,是“昼夜平分”的意思。在北半球,春分大致出现在每年的3月21日,而秋分大致出现在每年的9月21日。

日食和月食

▶ 什么是“食”?

当一个天体发出的光被另一个天体部分或完全地遮住时,就会出现“食”这一天文现象。在太阳系中,太阳、月球和地球的相对位置形成了日食和月食现象。其中,日全食是一种非常美丽的天文现象。

▶ 日食或月食多长时间发生一次?

太阳、月球和地球呈现出一条直线的完美排列并不多见。这是由于地球围绕太阳运转的轨道平面(也被称为黄道平面)与月球围绕地球运转的轨道平面并不完全一致。在出现新月或满月的时候,由于月球恰好位于地球与太阳连线的上方或下方,不会出现“食”现象。实际上,地球、月球和太阳这3个天体位于一条直线这种天文现象,在一年当中大约会出现两次。

▶ 月食是如何发生的?

当地球在太阳和月球之间进行运动时,如果月球恰巧进入了地球的影子当中,就会出现“月食”现象。当月偏食发生时,月亮的表面会出现明显弯曲的地球的影子。此时的月亮看上去和“新月”有点相似,但是晨昏线的弯曲形式是不同的。当月全食发生时,整个月球都位于地球的影子里。此时的月亮看上去是一个满月,但是它发出的红光非常微弱。

观测月食的最佳方法是什么？

正如一些天文学家所开的玩笑，观测月食就好像看着新刷的油漆一点点变干一样，需要极大的耐心。实际上，月食从开始到结束会延续几小时的时间。在这期间，观测者不需要任何的保护装置。

月食可以延续多长时间，地球上可以观测到月食的地区有哪些？

月食往往可以延续几个小时的时间。当月全食出现时，月球位于地球影子的最暗的区域内，地球将本应照射到月球表面的太阳光全部遮住了，这一阶段的确很精彩。只要在夜间，在地球上的任何一个角落，都可以观测到任何一次月食。

为什么在月食的"全食"阶段，人们还可以看到月亮？

地球大气层的密度非常大，所以它的工作原理有一点像透镜。少量的太阳光经过大气层的折射可以到达月球。由于红光拥有最佳的折射效果，所以绝大多数大气层折射的光是红光。这些光线在到达月球的表面以后，又被反射回来，并最终到达了地球。在月全食发生之前或之后，月球直接反射回来的太阳光非常强烈，它们可以将那部分折射的光线淹没。所以，通常情况下我们用肉眼无法看到折射的光线。然而，在月全食期间，被地球折射的光线是非常明显的，它们的颜色看上去略微有点发红。

表13是2008—2020年的月全食。

表13　2008—2020年的月全食

出现的日期	可以观测此次月全食的地区
2010年12月21日	东亚、澳大利亚、太平洋、美洲、欧洲
2011年6月15日	南美洲、欧洲、非洲、亚洲、澳大利亚

（续表）

出现的日期	可以观测此次月全食的地区
2011年12月10日	欧洲、东非、亚洲、澳大利亚、北美洲
2014年4月15日	澳大利亚、太平洋、美洲
2014年10月8日	亚洲、澳大利亚、太平洋、美洲
2015年4月4日	亚洲、澳大利亚、太平洋、美洲
2015年9月28日	太平洋东部、美洲、欧洲、非洲、西亚
2018年1月31日	亚洲、澳大利亚、太平洋、北美洲的西部
2018年7月27日	南美洲、欧洲、非洲、亚洲、澳大利亚
2019年1月21日	太平洋中部、美洲、欧洲、非洲

日食是如何发生的?

当月球位于地球和太阳的连线上时，就出现了日食。月球的影子投到了地球的表面。在位于月球影子范围内的地区，人们可以观测到日食。与地球的影子一样，月球的影子也包括两部分，中间昏暗的区域被称为“暗影”，“暗影”周围稍微明亮一点的区域被称为“半影”。在“半影”区域内，会出现日偏食；在“暗影”区域内，会出现日全食或日环食。

什么是日环食?

由于月球围绕地球的运行轨道略微成椭圆形，而不是正圆形。月球与地球之间的距离并非一直不变。当两个天体的距离较近时，如果月球的“暗影”落在了地球的表面，就会发生日全食。但是，如果月球在此时恰好离地球非常远，月球就不能将全部的太阳光遮挡住。这时，太阳就会呈现出圆环的形状。太阳光也会出现在月球轮廓的周围。

日食会延续多长时间，地球上的哪些地区可以观测到日食？

日食的全过程通常会延续大约1小时的时间。然而，日全食的过程至多可以延续几分钟的时间。绝大多数日全食的延续时间为100～200秒。即绝大多数的日全食只能持续两三分钟的时间。此外，人们只能在地球表面狭窄的带状区域内观测到日全食。每次发生日全食，带状区域的位置都会发生改变。所以，在地球表面的任何一个地点，只能每隔几个世纪观测到一次日全食。

日全食的外表是什么样的？

在发生日全食时，太阳就像一个边缘发亮光的黑色圆盘。这种光实际上是日冕。在通常情况下，由于太阳光非常强烈，日冕是无法被观测到的。除了日冕以外，整个天空都是黑暗的。所以，一些平时只能在夜间观测到的行星和恒星会出现在天空中。

观测日食的最佳方法是什么？

由于太阳光非常强烈，所以长时间观测太阳会对眼睛造成永久性的伤害，即使是在日偏食发生期间也是如此。在几乎出现日全食时，在没有任何适当的眼部保护的情况下，不要直接观测此时的新月。专门用于观测太阳的眼镜或由厚厚的聚酯薄膜制成的滤色镜以及焊接护目镜都可以成为观测日食的工具。不过，在使用滤色镜观测日食以前，一定要保证它们达到了可以观测太阳的等级。同时，一定要保证它们没有受到任何损坏。

一种间接观测日偏食的安全方法是利用简易的针孔照相机。利用这种方法还可以在其他时候对太阳进行天文观测。简易针孔照相机的制作方法如下：拿来两张纸板，其中一张纸板的一面是白色的，用大头针在一张纸板上穿一个孔。然后，转过身来背向太阳，将带针孔的纸板高高举起让太阳光从中间穿过。接下来，举起另一张纸板使其位于第一张纸板的下方，同时保证白色的一面朝上。这样一来，太阳光就会穿过针孔落在纸面上。最后，调整两张纸板之间的距离使太阳光落在焦点上。于是，你就可以通过观察位于下面的纸板来跟踪发生在身后的日食的进程了。

在日全食发生的时候，人们可以在没有眼部保护的情况下直接观测太阳。

在发生日全食时，只要你采取措施保护眼睛不受到有害的太阳光的危害，就有可能很好地观测到太阳的日冕。（iStock）

虽然日全食最多只能延续几分钟的时间，但是如果你很幸运的话，你还是可以欣赏到它的景象。如果有机会的话，你还可以多拍几张照片。在日全食发生期间，使用没有滤色功能的普通照相机也是没有危害的。

为什么月球在日食发生时将太阳遮挡得如此完美，以至于我们只能观测到日冕，而无法观测到太阳本身？

月球的直径比太阳的直径小400倍。月球与地球之间的距离恰巧比太阳与地球之间的距离也小400倍。这就是为什么当我们在地球表面观测日食时，月球几乎盖住了整个太阳，日全食也因此变得格外漂亮。当日全食发生时，我们可以观测到一个漆黑的太阳圆盘，在它的周围还精妙地分布着一个闪闪发光的日冕。

在将来即将发生的日全食有哪些，在哪里可以观测到它们？

表14中列出了2008—2020年已发生和将发生的日全食和相应的观测地点。

表14　2008—2020年将要发生的日全食

日　期	观测地点
2009年7月22日	印度、尼泊尔、中国、太平洋的中部
2010年7月10日	太平洋的南部、复活岛、智力、阿根廷
2012年11月13日	澳大利亚的北部、太平洋的南部
2013年11月3日	大西洋、非洲的中部
2015年3月20日	大西洋的北部、法罗群岛、斯瓦尔巴特群岛
2016年3月9日	苏门答腊岛、婆罗洲、苏拉威西岛、太平洋
2017年8月21日	太平洋的北部、美国、大西洋的南部
2019年7月2日	太平洋的南部、智力、阿根廷
2020年12月14日	太平洋的南部、智力、阿根廷的南部